高职高专土建类系列教材
建筑装饰工程技术专业

公共空间设计

主　编　罗　平
副主编　邹海鹰　赵文斌
参　编　邢慧若　彭　璐　汪伟亮

本书将公共空间设计的基本理论与教学实践以及工程实例相结合，全书共分6章，第1章、第2章为公共空间设计基础理论部分，介绍公共空间的基本类型、公共空间设计基本内容、方法和程序以及设计成果要求；第3~6章为设计实训部分，针对高等职业院校建筑装饰工程技术专业、室内设计专业的公共空间设计课程的教学，对办公空间设计、餐饮空间设计、专业购物空间设计、主题酒店设计四个设计课题进行介绍及实例分析。

本书力求将理论性、前瞻性、知识性、实用性融于一体，观点明确，深入浅出，图文结合，可作为高职院校建筑装饰工程技术、室内设计、环境艺术设计等专业的教材，也可作为企业年轻设计师自学用书。

图书在版编目（CIP）数据

公共空间设计 / 罗平主编. —北京：机械工业出版社，2020.2
（2024.2重印）
高职高专土建类系列教材. 建筑装饰工程技术专业
ISBN 978-7-111-67661-4

Ⅰ.①公… Ⅱ.①罗… Ⅲ.①公共建筑 – 室内装饰设计 – 高等职业教育 – 教材 Ⅳ.①TU242

中国版本图书馆CIP数据核字（2021）第037502号

机械工业出版社（北京市百万庄大街22号　邮政编码100037）
策划编辑：张荣荣　责任编辑：张荣荣　李宣敏
责任校对：张　薇　封面设计：张　静
责任印制：张　博
北京华联印刷有限公司印刷
2024年2月第1版第7次印刷
184mm×260mm・9.5印张・188千字
标准书号：ISBN 978-7-111-67661-4
定价：59.00元

电话服务　　　　　　　　　网络服务
客服电话：010-88361066　　机 工 官 网：www.cmpbook.com
　　　　　010-88379833　　机 工 官 博：weibo.com/cmp1952
　　　　　010-68326294　　金 　书 　网：www.golden-book.com
封底无防伪标均为盗版　　　机工教育服务网：www.cmpedu.com

前 言

本书是公共空间设计课程的教材,适用于高职院校建筑装饰工程技术、室内设计、环境艺术设计等专业的公共空间设计实训课程的教学。在编写时,结合高等职业院校的专业教学特点,对应装饰工程设计人员这一职业岗位的培养目标,采用模块化项目驱动式的教学方法,以导入工程设计案列的方式展开,将公共空间设计的基本理论与教学实践以及工程实例相结合。在选材和内容编排上,以企业生产实际工作过程或者项目任务的实现为参照来组织与安排。并根据高职学生学习的特点,理论教学深度以够用为原则,课题任务由简入繁,逐渐深入。另外在实训的过程教学指导中,还详细列举了各个课程设计阶段的目标与成果要求,提供了设计任务书与实训指导。因此教材具有很强的指导性和实用性。

目　录

前　言

第1章　认识公共空间设计　/　001
　1.1　公共空间的概念　/　001
　1.2　公共空间的分类与特点　/　001
　1.3　公共空间的设计定位与设计原则　/　005
　1.4　公共空间的功能组成与功能分区　/　006
　1.5　公共空间设计的空间类型与特点　/　008
　1.6　公共空间的空间组织方法　/　010
　1.7　公共空间的界面处理　/　014

第2章　公共空间室内设计的过程与方法　/　020
　2.1　设计准备阶段　/　020
　2.2　方案设计阶段　/　022
　2.3　设计成果的展示方式　/　027
　2.4　施工图深化设计阶段　/　045
　2.5　设计实施阶段　/　046
　2.6　公共空间设计项目调研实训任务书　/　046

第3章　办公空间设计　/　048
　3.1　办公空间的分类与特点　/　048
　3.2　办公空间设计的功能要求　/　052
　3.3　办公空间的设计规范以及基本尺度要求　/　057
　3.4　办公空间的界面处理方法　/　059
　3.5　办公空间的色彩处理与空间氛围营造方法　/　060
　3.6　办公空间课程设计实训任务书　/　063
　3.7　办公空间课程设计实训过程指导　/　064

第4章　餐饮空间设计　/　067

  4.1　餐饮空间的分类与特点　/　067
  4.2　餐饮空间的总体环境与主要功能设计　/　071
  4.3　餐饮空间的附属功能空间设计　/　074
  4.4　餐饮空间常用设计规范与一般规定　/　075
  4.5　餐饮空间设计的基本尺度要求　/　076
  4.6　餐饮空间的界面处理方法与设计风格　/　077
  4.7　餐饮空间课程设计实训任务书　/　083
  4.8　餐饮空间课程设计实训过程指导　/　083

第5章　专业购物空间设计　/　095

  5.1　商业购物空间的含义与分类　/　095
  5.2　专业购物空间的基本概念　/　097
  5.3　专业购物空间的交通流线设计　/　097
  5.4　专业购物空间基本要素　/　099
  5.5　专业购物空间营业厅设计　/　100
  5.6　商品陈列柜架的设计　/　103
  5.7　专业购物空间店面设计　/　107
  5.8　专业购物空间界面处理方法　/　111
  5.9　专业购物空间的设计风格　/　114
  5.10　专业购物空间色彩与照明设计　/　116
  5.11　专业购物空间设计基本尺度要求　/　118
  5.12　专业购物空间课程设计实训任务书　/　119
  5.13　专业购物空间课程设计实训过程指导　/　119

第6章　主题酒店空间设计　/　122

  6.1　主题酒店空间的分类与特点　/　122
  6.2　主题酒店空间的总体环境与主要功能设计　/　126
  6.3　主题酒店空间主要空间设计要求　/　130
  6.4　主题酒店空间的设计定位与界面处理方法　/　133
  6.5　主题酒店空间课程设计实训任务书　/　139
  6.6　主题酒店空间课程设计实训过程指导　/　140

参考文献　/　146

第1章　认识公共空间设计

1.1　公共空间的概念

公共空间从广义的角度来讲是指那些供人们日常生活和社会生活公共使用的各类建筑空间。在公共空间里人们可以进行商业交易、各类业务办理、表演及观摩、文化展览、体育竞赛、运动健身、休闲、观光游览、节日集会及人际交往等各类活动。本书讲的公共空间是从狭义的角度来讲，仅限于公共建筑的室内空间。各个公共空间里是社会化的行为场所，不仅只满足人的个人需求，还应该满足人与人的交往对室内环境提出的各种要求，为不同层次、不同职业、不同种族的人群之间的生活、工作、娱乐、交往等社会活动创建有组织的、理想的空间环境。因而，公共空间具有多元性、复杂性和时代性的特点。

1.2　公共空间的分类与特点

公共建筑，是指供人们进行各种公共活动的建筑。公共建筑包含办公建筑、商业建筑、旅游建筑、科教文卫建筑、通信建筑以及交通运输类建筑等。各类型的公共建筑形成各类型的公共建筑室内空间。公共空间可根据其性质和基本用途分类。根据使用性质，公共空间可分为：限定性公共室内空间，如学校、办公楼等，和非限定性、开放性的公共室内空间，如旅馆、饭店、影剧院、展示空间、图书馆、商店等。

根据空间的功能和主题的不同，公共空间可以分为以下七种类型：

（1）办公空间。办公空间包括供机关、商业、企事业单位等办理行政事务和从事业务活动的办公环境系统。图1-1所示为某企业总部办公室，图1-2所示为某大厦多功能报告厅设计方案。

图1-1　某企业总部办公室

图1-2　某大厦多功能报告厅方案

（2）文化、科学、体育等场馆空间。文化建筑的这些场馆空间是以群众为主体的公共场所，作为社会精神文明的象征，被社会各界广泛利用。一般是多种功能组合的、复杂的公共型建筑，如体育场馆是进行群众性或专业性体育比赛、竞技的公共空间。此类型建筑一般由政府财政拨款建设，具有一定的时代性和建筑前瞻性（图1-3、图1-4）。

图1-3　湖南省博物馆

图1-4　某企业党史展示设计

（3）健身与娱乐休闲空间。健身与娱乐休闲空间是近年逐渐发展起来的一种空间形式。健身空间作为一种独立的空间形式，主要包括各类健身会所、瑜伽馆、保龄球场馆等。休闲娱乐空间也是公共空间文化的一种表现形式，对设计有特殊的要求，其范围较广，主要有KTV会所、洗浴中心、美体美容场所等。

（4）餐饮空间。餐饮空间即提供餐饮服务的各类型空间，餐饮空间一般分为宴会厅、中（西）餐厅、自助餐厅、火锅餐厅、酒吧（茶吧、咖啡吧）、快餐厅等。除此之外，通常还有多功能餐厅、歌舞餐厅、花园餐厅、旋转餐厅、风味小吃餐厅、料理厅、扒房等。如图1-5所示为某风味餐厅。

（5）商业、展示空间。商业空间是与人生活联系最为紧密的空间之一，也是现代社会不可缺少的公共空间类型。它是社会生活的重要组成部分，表现形式为商场、专卖店、楼盘会所等。展示空间是用以展示和推广产品或服务的场所，过去常指橱窗展示和商品展示，现包括博物馆、美术馆、画廊、样板间等（图1-6~图1-9）。

图1-5　某风味餐厅内景

图1-6　上海国金中心商场室内（一）

图1-7　上海国金中心商场室内（二）

图1-8　西西弗书店陈设

图1-9　某展示空间艺术设计

（6）酒店空间。酒店空间是公共室内空间中的重要组成部分，它综合办公、会议、住宿、餐饮、娱乐等项目，是功能设施最为复杂、技术含量较高的环境系统工程。全球酒店业的发展，更促进了其功能、设备与材料的现代化，形成酒店装饰设计的专业化和系统化。国际惯例作法是以星级标准进行旅游涉外酒店划分评定。酒店分为五个星级，即一星级酒店、二星级酒店、三星级酒店、四星级酒店和五星级酒店，星级越高表示酒店档次越高，一个城市拥有高等星级酒店的数量，代表着这个城市发展的程度。以经营特色为主的酒店，一般配套与之相适应的设施设备，比如旅游度假酒店、商务酒店、快捷酒店等（图1-10、图1-11）。

图1-10　深圳大梅沙行政公馆　　　　　图1-11　北京香山饭店

（7）特定用途空间。包括交通、医疗等特殊需要的公共空间，其特殊用途决定了设计的特殊性（图1-12~图1-14）。

图1-12　某会展中心室内空间局部

图1-13　北京大兴机场室内（一）　　　　图1-14　北京大兴机场室内（二）

1.3 公共空间的设计定位与设计原则

1.3.1 公共空间的设计定位

公共空间设计是一门集技术与艺术为一体化的环境艺术范畴的综合性学科，它运用现代化工程技术手段与美学原则创建理想的室内空间环境，围绕公共空间形式，以"人"为中心，依据人的社会功能需求、审美需求，设立空间主题创意，运用现代技术手段进行再度创造，用科学技术方法满足环境基本使用功能的同时，更注重环境空间氛围的营造和环境空间的审美需求。因此，公共室内空间设计既属于工程技术的领域，又归属于艺术活动的范畴。

1.3.2 公共空间的设计原则

随着时代的发展，人们对于公共空间的要求逐步多元化与复杂化，但任何一个时期的理想建筑空间，都必须遵循下面的设计原则。

1. 功能使用的原则

任何建筑都是为了满足某种功能而建造的，公共空间设计以创造良好的室内空间环境为目的。在设计时首先要充分考虑使用功能的问题，使室内环境科学、合理、舒适，包括人们在空间内的活动规律、行为模式，处理好空间的关系、尺寸、比例，合理配置家具，妥善解决室内通风、采光、照明等问题。

2. 精神审美的原则

室内空间一旦形成，对于置身其中的人会产生情感的影响，包括人的心理感受、情感与行为，所以要研究人与环境的相互作用，设计要运用各种手段，表达空间的某种构思、意境。空间应该产生强烈的艺术感染力，更好地发挥其在精神功能方面的作用。人对空间的精神审美会随着时代有所变化，艺术设计也会因具有时代性的色彩而有新的艺术形态。除此之外，每一个空间的使用者或者每一种空间的使用者都会存在自身的审美差异，在设计时也要充分考虑。

3. 结构与技术的原则

公共空间设计在满足了使用功能和精神审美原则的同时，还必然要涉及结构与技术问题，任何一个空间都是由一定的物质材料所组成的，其必然会受到相应的施工技术与结构技术的影响，因此设计不仅要功能合理，还要满足结构安全、技术可行的要求。

4. 工程造价合理性原则

每一个项目的实施，最终都要落实到项目的投资造价上，设计造价的控制直接影响项目的可行性。故设计工作要了解材料的市场信息以及工艺做法，根据创作的设计作品风格类型，调控造价、合理分配资金。

1.4 公共空间的功能组成与功能分区

公共空间的功能一般指人对公共空间的使用功能以及艺术感受等精神层面的功能要求，本节所指的功能问题主要是使用功能层面。

1.4.1 功能分区的概念

在进行空间设计时，我们将公共建筑各个空间按不同的功能要求进行分区，并根据它们之间联系上的密切程度在空间序列上进行安排组合与划分。功能分区的原则是：分区明确、联系方便；按主与次、内与外、闹与静等不同空间关系进行合理安排；根据实际使用要求，进行该空间的人流活动分析，并按照该空间内的人流活动顺序关系安排各个不同的功能的空间位置。

一般情况下，空间组合、划分时应以主要空间为设计核心，次要空间的安排要有利于主要空间功能的发挥。对外联系密切的空间应靠近交通枢纽位置设计，内部使用的空间要相对隐蔽、安静。空间的联系与分隔要在对设计项目进行深入调研、深入分析的基础上做好处理。

各功能空间使用对空间既有"形"的要求，又有"质"的要求。"形"方面的要求主要表现在对于单一空间的大小划分、空间容量、空间形状。"质"方面的要求表现在空间环境是否符合人在其中的行为所需要的心理和生理的要求，这一方面具体可包括采光照明、温度调节、声学等条件以及某些特定空间的要求，如实验室、医院类空间的洁净要求、银行系统安防规范等都是适合性的基本因素。

1.4.2 功能分区的内容

各种类型的公共建筑空间的组成一般都可分成主要使用部分、次要使用部分（或称辅助部分）和交通联系部分，共三大部分。由于各种类型的公共建筑其使用性质和类型不尽相同，其使用部分也就各不相同，本书在后面章节针对不同的设计类型会进行分析讲解。

在这三部分的空间构成关系中，交通联系空间的配置往往起关键作用。交通联系部分一般可分为：水平交通、垂直交通和枢纽交通三种基本空间形式。

1）水平交通空间布置要点：公共空间的水平交通空间例如走道，设计应直观明了，指向性明显，与各部分空间密切联系，宜有好的采光通风和照明，有些走道还附带等候、小憩、观赏等功能要求。公共建筑水平交通空间通道的宽度和长度，取决于功能的需要、防火要求及空间感受等。设计水平交通空间应根据建筑物的耐火等级和过道中行人人数的多少，进行防火要求最小宽度的校核。单股人流通行的宽度为550~600mm，走道的宽度还与走道两侧门窗位置、开启方向有关（图1-15）。

2）垂直交通空间布置要点：垂直交通包括楼梯、电梯、自动扶梯与坡道，其位置与数量依功能需要和消防要求而定,应靠近交通枢纽,布置符合建筑规范,与使用人流数量相适应(图1-16)。

图1-15　湖南省博物馆走道空间设计

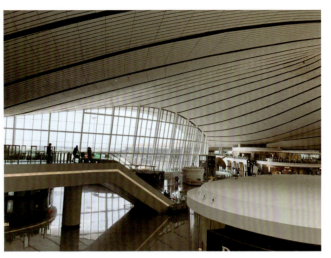

图1-16　北京大兴机场的自动扶梯

3)交通枢纽空间布置要点:在公共建筑空间中,考虑到人流的集散、方向的转换、空间的过渡以及与过道、电梯、楼梯等空间的衔接,需要安排门厅、过厅等形式的空间,起到交通枢纽与空间过渡的作用。交通枢纽空间应方便使用,结构合理,装修适当,应兼顾使用功能和空间意境的创造(图1-17、图1-18)。

图1-17　交通枢纽空间(一)

图1-18　交通枢纽空间(二)

在交通空间设计部分，要考虑空间的人流疏散，公共建筑的人流疏散分为正常人流疏散与紧急人流疏散两种情况。正常人流疏散根据公共空间的不同使用性质可分为连续的（如营业性商业空间）、集中的（如电影院、剧场）和兼有的（如博物馆、展览馆），而紧急人流疏散都是集中疏散。

公共建筑室内空间的人流疏散设计必须在符合建筑设计规范要求的前提下，确保通畅，要充分考虑枢纽处缓冲地带的设置，必要时可适当分散，以防出现过度的拥挤。连续性的活动宜将出口与入口分开设置。要按防火规范充分考虑疏散时间，计算通行能力。

1.5 公共空间设计的空间类型与特点

公共空间由于设计手法、空间处理的不同可以表现出不同的空间特点。空间界面限定的强弱决定空间类型与特点，如空间的封闭与开敞、空间的虚与实等，根据不同空间构成所具有的性质和特点来加以区分，以利于在设计组织空间时选择和利用。

1.5.1 空间的固定与可变

室内设计以建筑内部空间为设计对象。从内部空间的形成过程看，内部空间可分为固定空间和可变空间两大类型。用地面或楼面、墙和顶棚围成的空间是固定的，因为在一般情况下，很难改变楼板和墙体的位置。在固定空间内，用隔墙、隔断、家具、设备等对空间进行再划分，可以形成许多新空间，由于隔墙、隔断、家具和设备等的位置是可以改变的，这些新空间称之为灵活可变的空间，简称为可变空间。固定空间是在建造主体工程的时候形成的，又称第一次空间。可变空间是在固定空间形成后用其他手段构成的，是建筑空间的二次设计。

1.5.2 空间的开敞与封闭

由于不同空间的限定程度不同，空间具有开敞与封闭两种类型。

（1）封闭空间。用限定性较高的围护实体包围起来，在视觉、听觉等方面具有很强的隔离性。封闭空间在心理效果上有较强的领域感、安全感与私密性。

（2）开敞空间。开敞空间对于空间的限定性和私密性较小，强调与空间环境的交流、渗透，讲究对景、借景，与大自然或周围空间的融合。

开敞空间和封闭空间也有程度上的区别，如介于两者之间的半开敞和半封闭空间。它取决于空间的使用性质和与周围环境的关系，以及视觉上和心理上的需要。

开敞空间和封闭空间是相对而言的，空间的开敞程度取决于垂直面围合的程度、开洞的大小及开启的控制能力，还包括垂直面所用的材质。围合程度高，开洞的大小及启用的控制能力强，材质厚重，不透视的材料运用得越多，空间的封闭感越强，反之则开敞性强（图1-19）。

1.5.3 空间的动态与静态

1. 动态空间

动态空间或称为流动空间，有开敞性和视觉导向性强的特点，界面组织表现出连续性和节奏性，空间构成在设计上引导视线从一点转向另一点，以"动"的角度感受空间，空间的运动感在于塑造空间形象的运动性上，更在于组织空间的节律性上。动态空间将人带到一个由空间和时间相结合的"第四空间"概念上。

图1-19　广州美术学院美术馆室内

动态空间的设计手法可以利用机械的、自动化的设施以及人的活动等形成动势。或者组织引导人流活动的空间序列，空间方向性较明确，利用对比强烈的空间和动感线形。如利用楼梯、壁画、家具等使人的活动时停、时动、时静等（图1-20）。

2. 静态空间

静态空间一般空间界面限定清晰，常采用对称式和垂直水平界面处理。空间比较封闭，构成比较单一，视觉多被引导在一个方位或一个点上，空间较为清晰、明确。

静态空间的特点表现在空间的限定度强，趋于封闭型，多为尽端房间，空间序列至此结束，私密性较强。静态空间多为对称空间，除了向心、离心以外，较少有其他倾向，以求达到一种静态的平衡。空间及陈设的比例、尺度协调，视线转换平和，避免强制性引导视线（图1-21）。

图1-20　中央美术学院美术馆楼梯形成的动态空间

图1-21　深圳大梅沙行政公馆

1.5.4　空间的流通与连贯

空间的流通与连贯是指随着人在建筑空间中的行为或者视线变化而产生空间连续不断地变化的空间形式，具体地说就是相临或相近的若干个空间之间是相互连贯、流通的。空间不是消极静止的存在，而是把它看作一种具有生动力量，甚至是一个运动的生命体的存在。这不仅存在于室内空间与空间之间，还包括室内空间与室外空间外相互渗透。

在实际设计中，尽管各空间功能不同，但可通过象征性的空间划分手段，使各个小空间既保持独立，又实现视线和交通的极大流动性。没有明确的空间围合的边界，空间既相互交融又有各自的领域感和独立性，实现流动性空间设计的目的。

在这类型空间设计中可借助流畅的、富有动态的、有明确方向引导性的造型线形或具有典型特征的家具及陈设物来引导人的空间感受，如连续的线，会使空间产生"动"的连续性和节奏性，使人的视觉对于空间的感受不是静止的状态，并以人的视线、行为的"动"来体现空间的流通与连贯。

1.5.5　空间的过渡与灰空间

建筑空间的存在在某些时候，其界限不完全是以"两极"的形式出现的，一个空间往往具有多种功能，当它的界面限定相对较弱，或者不清晰时，空间充满复杂性和矛盾性，可称之为"不定空间"也就是灰空间，又称为模糊空间或过渡性空间。灰空间常介于两种不同类型的空间之间，如室内与室外之间，开敞与封闭之间等。由于灰空间的不确定性、模糊性、灰色性，从而延伸出含蓄和耐人寻味的意境，多用于处理空间与空间的过渡、延伸等（图1-22）。

图1-22　空间的过渡处理

1.6　公共空间的空间组织方法

公共空间往往不是单一的空间，而是多个空间组织在一起，这就存在着空间的组织方法问题了。

空间序列是指空间的先后活动顺序关系，是设计师按功能要求给予空间合理的组织。在空间序列设计中除了按人的行为活动要求把各个空间作为彼此相互联系的整体来考虑外，还应该更深刻、更全面、更充分地发挥建筑空间艺术对人心理上、精神上的影响来进行空间设计。空间的连续性和时间性是空间序列的必要条件，人在空间内活动感受到的精神状态是空间序列考虑的基本因素。

1.6.1 序列全过程

空间的设计组织如同写文章一样，先得有写作大纲，组织编排文章各个部分的起承转合。序列全过程可分为序曲、发展、中心、尾声四个部分。

（1）序曲阶段。该阶段是空间序列的开始，它预示着将要展开的内容，这部分的空间设计应具有足够的吸引力和个性。

（2）发展阶段。该阶段是空间起始后的承接阶段，又是空间中心部分出现的前奏，在序列中起到承上启下的作用，是序列中关键一环。它对主要空间部分的出现具有引导、启示、酝酿、期待及引人入胜等作用。

（3）中心阶段。中心阶段是全序列的中心，是序列的精华和目的所在，也是序列艺术的最高体现。在设计时应考虑人对于空间期待、心理、情绪的满足。

（4）尾声阶段。尾声阶段是整个空间序列的终结阶段。良好的结束有利于加强对于整个设计体会的感受，如同写文章一样余味无穷，让人留恋此间，回味和联想。

1.6.2 不同类型空间对序列的要求

不同性质的建筑空间有不同的空间序列布局，不同的空间序列艺术手法有不同的序列设计章法。在设计实践中，空间序列设计不会按照一个模式进行，有时需要突破常规，除掌握空间序列设计的普遍性外，还要注意不同情况的特殊性。一般来说，影响空间序列的关键在于以下三点。

（1）序列长短的选择。序列长短的选择在设计中是很重要的，冗长而没有亮点的设计会让人觉得无趣，因此对于空间的中心设置以及对于空间层次的考虑都是很重要的。空间层次增多，通过时空效应对人心理的影响必然更加深刻。因此长序列的设计往往用于需要强调中心的重要性以及空间设置的位置先后，且序列可根据要求适当拉长。但有些建筑类型采用拉长序列的设计手法并不合适，如以效率、速度、节约时间为前提的交通客站，其室内布置应一目了然，层次越少越好，时间越短越好，以此缓解由于办理手续的地点难找和迂回曲折的出入口而造成的心理紧张。而有充裕时间观赏游览的建筑空间，可为迎合游客尽兴而归的心理愿望而将空间序列尽量拉长。

（2）序列布局类型的选择。采用何种布局决定于空间的性质、规模、环境等因素。一般序列格局可分为对称式和不对称式、规则式和自由式。空间序列线路分为直线式、曲线式、迂回式、盘旋式、立交式、循环式等。我国传统宫廷寺庙以规则式和直线式居多，而园林别墅以自由式和迂回曲折式居多，规模宏大的集合式空间常以循环往复式和立交式的序列居多。

（3）中心的选择。在空间中具有代表性的，反映空间性质特征的主体空间就是空间序列的中心所在，空间的中心是参观来访者所向往的最后的目的地。

1.6.3 空间序列的设计手法

良好的空间序列设计，宛似一部完整的乐章、动人的诗篇。通过建筑空间的连续性和整体性给人以强烈的印象、深刻的记忆和美的享受。良好的序列还要通过对每个局部空间在布局、色彩、陈设、照明等一系列设计上的创造来实现。因此，空间序列的设计手法非常重要。

1. 空间的导向性

指导人的行动方向的空间处理称为空间的导向性。

采用导向的手法是空间序列设计的基本手法，它以空间处理手法引导人们行动的方向，人的行为就会随着空间布置而产生。设计时可运用形式美学中各种韵律构图和具有方向性的形象作为空间导向性的手法（图1-23）。

2. 视觉中心

在一定范围内引起人们注意的目的物就成为视觉中心。导向性只是将人们引向中心的引子，最终的目的是导向视觉中心，使人领会到设计的独具匠心（图1-24）。

3. 空间过渡

空间序列的全过程就是一系列相互联系的空间的过渡。通过若干相联系的空间，构成彼此的有机联系以及前后连续的空间环境，它的构成形式随功能要求而不同。

如中国园林中"山穷水尽""柳暗花明""别有洞天""先抑后扬""迂回曲折""豁然开朗"等空间处理手法，都是采用过渡空间将若干相对独立的空间有机地联系起来，并将视线引向中心（图1-25）。

1.6.4 空间构图的基本法则

如图1-26所示为某空间构图。

图1-23　用几何的构成产生空间的导向构成

图1-24　室内陈设产生的视觉中心

图1-25　香山饭店的视觉中心的设计

空间视觉设计，关系到视觉传达与视觉设计的相关问题，这些问题特别是指空间处理，空间大小、比例，空间动线与导向，家具造型，色彩搭配，气氛的创造，图案肌理等。此外，它还可以突出空间构图的重点，提高空间构图的表现力，以改变空间构图内容的不足，空间构图的基本法则可总结为如下四个方面。

1. 协调、统一

室内设计中的协调、统一是空间构图的基本法则之一，把所有的设计要素和设计单元结合在一起，运用技术和艺术的手段去创造空间的协调和统一，各种设计要素和设计单元必须综合为一个有机的整体，各个要素又在各自所处的条件下为设计的主题和气氛起到相应的作用。

图1-26　某空间构图

2. 尺度、比例

尺度是指设计构建本身长、宽、高的基础尺度，比例则是指研究物体本身三个方向量度间的关系。只有比例和谐的物体才会引起人们的美感，如室内空间长、宽、高就有一个比例问题。除此之外功能、材料、结构及在长期历史发展过程中形成的习惯，也会影响到比例关系（图1-27）。

图1-27　用界面处理的方法改变了空间的比例

3. 均衡、稳定

均衡主要是指空间构图中各要素之间的相对"轻重"关系，稳定则是指空间整体上下之间的关系。空间的均衡是指空间前后左右各部分的关系，应给人安定、平衡和完整的感觉。室内设计中的均衡一方面是指整个空间的构图效果，它和物体的大小、形状、质地、色彩有关系；另一方面是指室内四个墙面上的视觉平衡，如墙面构图集中在一侧、墙面不均衡，经过适当的调整后可使墙面构图达到均衡。如图1-28所示为空间利用白色柱体表达的均衡与稳定的关系。

图1-28　湖南省博物馆大厅一角

4. 韵律、节奏

空间设计中运用某设计单元或者设计元素有规律地重复出现或有秩序地变化而激发人的韵律感,从而创造出各种具有条理性、重复性和连续性的美的形式,这就是韵律美。节奏就是有规律的重复,各要素之间具有单纯的、明确的、秩序井然的关系,使人产生匀速有规律的动感。韵律是节奏形式的深化,是情调在节奏中的运用。节奏富有理性,韵律富有感性(图1-29)。

1.7 公共空间的界面处理

图1-29 某公共建筑的空间节奏与韵律的表达

室内空间是建筑空间环境的主体,建筑以建筑空间来表现它的使用性质。公共空间设计的基本内容,首先就要通过运用各种物质手段来限定空间,以满足人们对于室内空间的各种需求。在建筑中会感受到空间的存在,这种感受通常来自于室内空间的顶棚、地面与墙面不同程度的围合所构成的三度空间。室内界面的形成和限定往往有多种表现形式。

1.7.1 界面的要求和功能特点

室内空间的界面包括垂直面、基面与顶面。

1. 垂直面

垂直面一般是指室内空间的墙面及竖向隔断。垂直面是建筑室内空间造型最活跃、视觉感最强的设计要素。

在室内空间限定中,垂直面设计首先要考虑的是围合高度的问题,因为空间围合的程度在很大意义上取决于垂直面围合的高度。

垂直面的围合高度小于 60cm 时,空间无围合感;当高度达到 150cm 时,开始有围合感,但仍保持连续性;高度达到 200cm 以上时,具有强烈的围合感,且空间划分明确。

垂直面的设计除了尺度设计之外,最重要的就是要考虑围合面的材质与形式,不同的材质与围合形式表达的围合程度是不一样的(图1-30~图1-34)。

图1-30 玻璃的围合

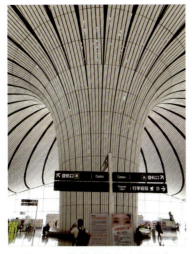

图1-31 线条表达的空间围合

图1-32 某公共空间围合的多种形式（一）

图1-33 某公共空间围合的多种形式（二）

图1-34 某公共空间围合的多种形式（三）

其次，由于垂直面在一个空间中数量较多，因此其布局形式也非常重要，除了完整的四向立面围合外，常见的布局形式还有如下三种：

（1）L形的垂直面围合。围合感较弱，多作为休息空间的一角，典型的空间是一组转角沙发，加上茶几和地毯围合成的静态的休息或交流空间（图1-35）。

（2）平行的垂直面围合。具有较强的导向性、方向感，属于外向型空间，如走廊、过道等（图1-36、图1-37）。

（3）U形的垂直面围合。有较强的围合感与方位感，即朝向敞开一面，增加了空间的渗透感，在室内空间中是一种最常见的形式。

图1-35 利用家具陈设形成的空间

图1-36　平行的垂直面围合（一）　　　　图1-37　平行的垂直面围合（二）

2. 基面

基面通常是指室内空间的底界面或底面，建筑上称为"楼地面"或"地面"。基面要求要耐磨、防滑、易洁净，特殊空间还有防静电、防尘等要求。基面一般分为水平基面、抬高基面、降低基面三类。

（1）水平基面。水平基面在平面上无明显高差，空间连续性好，但可识别性和领域感较差。

（2）抬高基面。水平基面局部抬高，常见高度在150~200mm之间，大于这一高度就要设置梯级。通过抬高空间可限定出局部小空间，从视觉上、心理上该范围与周围地面空间形成分离，产生虚拟空间，丰富了大空间的空间感。值得注意的是，抬高基面较低时抬高空间和原空间具有较强的整体感。当基面抬高高度稍低于视高时，可维持视线的连续性，但空间的连续性中断。抬高高度超过视高时，会产生夹层效果，空间的视觉和空间的连续性中断，整体空间被划分为两个不同空间（图1-38、图1-39）。

（3）降低基面。与抬高基面相应的手法还有降低基面的做法，这一手法形成的空间有内向性、保护性的心理感觉，空间的围合感、领域感更强，多用于休息及会客场所等。

图1-38 抬高基面(一)

图1-39 抬高基面(二)

3. 顶面

顶面的设计是空间设计中最主要的设计要素之一，它可以和建筑结构体系结合在一起，也可以与其分离开来，独立形成一个基面，成为空间视觉上的积极因素，由此形成的隐蔽空间可以敷设其他专业的设备管线等（图1-40、图1-41）。

顶面的设计手法如同基面，可利用局部的降低或抬高划分空间、丰富空间层次，也可借助色彩、图案、质感加以改进空间的效果，给空间一种方向感。

图1-40 顶面设计（一）　　　　　图1-41 顶面设计（二）

顶面的材质一般要求质轻、光反射率高，具有较高的隔声、吸声、保温、隔热性等（图1-42）。

图1-42 顶面设计（三）

1.7.2 空间的分隔特点

室内空间各组成部分之间的关系，主要是通过分隔的方式来完成的，采用什么样的分隔方式，既要根据空间的特点与功能的要求，又要考虑空间的艺术特点及心理要求，一般可分为以下四种形式。

1. 绝对分隔

用到顶的原建筑隔墙或者轻质砌块隔墙等实体界面分隔空间，称为绝对分隔，绝对分隔的空间有非常明确的界限，即空间是封闭的（图1-43）。

2. 局部分隔

用屏风或不到顶的隔断或较高的家具划分空间，称为局部分隔，局部分隔介于绝对分隔与象征性分隔之间，限定的程度因界面的大小、材质、形态而异（图1-44）。

3. 象征性分隔

用低矮的面、栏杆、花格等结构，以及家具、绿化、水体、色彩、材质、灯光等因素分隔空间，属于象征性分隔。象征性分隔的空间限定程度很低，空间界面模糊，侧重心理效应，在空间的划分上隔而不断，流动性强，层次丰富，能通过人们的联想、心理效应完成空间分隔，意境深远（图1-45）。

4. 弹性分隔

利用拼装式、折叠式等活动隔断或者帘幕分隔空间，可以根据使用要求随时调整空间的大小，这种分隔称为弹性分隔（图1-46）。

图1-43　绝对分隔的室内空间

图1-44　某公司大厅采用局部分隔的设计手法

图1-45　象征性分隔

图1-46　弹性分隔

第2章 公共空间室内设计的过程与方法

公共空间室内设计的过程主要包括：设计准备阶段、方案设计阶段、施工图深化设计阶段、设计实施阶段与用后评价和维护管理五个阶段。

2.1 设计准备阶段

2.1.1 与客户前期沟通、收集设计资料

本阶段的主要工作任务为设计任务项目组与客户进行前期沟通，沟通中要掌握的信息主要有：充分了解该项目空间的使用要求，不同的空间性质将产生不同的设计要求，如资料存储方式和工作方式、预期目标、项目特点、工作性质，不同功能空间的设置要求等，对于这些情况，设计师应作好详细的了解。其次，要了解客户的投资意向、设计意图和审美倾向，这些方面对于后期方案设计是否能够得以实施起着至关重要的作用。

2.1.2 建筑条件的现场研究

接到设计任务后，首先要了解建筑的原始空间结构，有条件的话，最好到现场进行图纸核准，并做好详细记录，不可粗心大意。核准现场是设计成功的先决条件，也是控制设计成本以及在设计过程中避免反复改图的最有效的保证。

承接室内设计项目通常有两种情况：一是建筑框架墙体已经基本完成，二是在建筑方案阶段建筑师或者业主邀请室内设计方早期介入，一起对即将开展的建筑项目进行设计探讨。

第一种情况要求设计师在设计前进行现场勘查，勘查现场的主要细节包括测量建筑空间的尺寸，梁柱、梯台结构尺寸与建筑标高的实际情况。通常测量室内空间所得尺寸为净空。原始草图资料必须标注建筑原始数据、门窗的实际尺寸、高度、开合方式、边框结构及固定处理结构情况。记录户外景观的情况，记录落水管、排水管、排污管、洗手间下沉池、管井、消防栓、收缩缝的位置及大小，尺寸以管中为准，要包覆的则以检修口外最大尺寸为准。对于大型的公共空间设计项目，原始

数据还必须记录建筑中庭的结构情况，消防卷闸位置，消防前室的位置、机房、控制设备房的实际情况等。装饰设计中完成的界面装饰的质量好坏，都源于对建筑原始条件的了解和对隐蔽工程的合理处理，设计必须充分考虑各种管线和梁柱的因素，选用合理的尺寸、工艺和材料，所以核准现场是整个设计中非常重要的一环，是设计成功的先决条件之一（图2-1）。

图2-1　现场量房照

第二种情况往往对设计师构思创作的综合能力要求较高，对于建筑结构、建筑设备的协调方面要有前期的预见性，以避免在建造环节产生重复建设或者因各专业不协调等因素而引发不必要的浪费。这种情况是建筑设计与室内设计组合的最佳创作方式，能创作出相对完美的空间，值得推广。

2.1.3　项目调研

项目调研工作是做好公共空间室内设计的前提之一，对于带有商业诉求的设计项目来说，这是极其重要的考虑因素。

首先要考虑空间使用对象的习惯及审美标准，这种具有针对性的判断是设计取得成功的关键。这就要求设计师在设计之前须仔细留意该类型空间的市场走向、潮流趋势，以及空间属性；其次，设计要考虑委托方本身对项目的定位，通过综合分析才能设计出好的作品。

这种以市场定位为主导因素的设计在大型商业空间、酒店、娱乐休闲场所显得尤为重要。设计所针对的人群是相对固定的，有的是针对区域人口，有的是针对消费阶层、年龄层次等方面，各自都有其专属的喜好。例如酒店的功能配置或风格，需因所处地段的消费能力及文化层次来做出合理的规划，设计方案必须能回应这些诉求，并在完全满足项目定位要求的前提下，提出合理的设计。合理而准确的高性价比设计会降低投资者的风险，增加产品竞争力。多变的市场因素并非一朝一夕就可以把握，这需要设计师在专业的空间领域里与各个层面的使用者有过彻底而足够深度的沟通，做好市场调研工作，才能获得该空间的最直接的功能诉求，切实地满足空间使用所需，很好地完成设计产品。

造价控制是项目调研的另一个重要部分，越来越多的商业空间设计都在追求高效的性价比，设计师要让作品具有竞争力，要有效地控制造价范围，使设计工作有效展开。

2.2 方案设计阶段

2.2.1 方案的设计分析与定位分析

1. 委托方意向与设计要求分析

本阶段要求各项目组将设计前期准备阶段所收集的项目信息进行列表分析，并以主要信息作为设计定位依据。结合委托方设计项目的各部门人员工作的性质、特点和内在联系分析空间的组织关系组成；结合工作流程确定交通流线与各空间分布；结合场所内进行的工作性质确定空间功能关系；场所实际情况的分析。主要体现在：

1）分析现有建筑的水、暖、电、气等设施的规格、位置、走向及与建筑结构的关系。

2）综合分析建筑内部情况，与周围建筑的关系及相关配套设施情况和位置。

2. 设计主题与风格的定位

在完成设计前期准备阶段的任务之后，要进行的工作就是确定设计主题与设计风格的定位了。在这一阶段需要设计师理解项目拟设计的风格所涵盖的历史风情、人文特点，设计风格的装饰手法、造型纹样、肌理质感、配色习惯等。如果是采用包含多种风格的混搭设计时，还要研究不同风格的共性特征，并用某种元素作为主导，使之和谐统一。例如，中国清代的圆明园，就将东方宫廷风格与西方的柱式、线脚等装饰元素巧妙结合在一起，以卷草纹样为元素，将中西方的文化融合，形成一种新的宫殿建筑形式，因而取得了惊人的艺术成就。任何一个优秀的案例其设计都有相应的文化主题。设计主题表达方式与写文章的技巧是相同的，有主次之分，也有空间开合的次序变化，用耐人寻味的文脉主题贯穿整个设计，充分体现人与空间和谐的原则，营造出符合空间设计的意境。

3. 设计思维的展开

在完成设计主题与风格的定位之后，接下来进入展开设计思维、表达设计主题的阶段，这一阶段是主观和多元的。

设计思维的展开概括起来主要可以包括如下四种方式：

（1）形象联想。以某种关联形象为联想的出发点，可以通过形象的结构、形状、质感、颜色的关系等多方面；或者是整体与局部、原因与结果、内容与形式的关系；或者是形象与形象之间相同、相近、相反的关系等多角度跳跃式地展开联想。然后抓住可能发展出的每一个结果和变化去拓展，最后达成新的派生形象，成为设计的母体符号。

如图2-2，某主题餐厅的设计构想为表现20世纪80年代的生活场景，设计通过对空间的理解，选择斑驳的水泥地面、没有装饰的粉墙、年代感的花布、铸铁钢架等材质，黑白老照片、以及那个年代特有的室内陈设等借以表现一种时空穿越的体验感，让每一个与之相遇的人都能感受一次时光倒流般的餐饮体验。

图2-2　湘潭市某怀旧主题餐厅

（2）概念联想。事物的概念，这里指的是一种理念、一种风格、一种时尚，或是一组简单的词语，运用类推、抽象、转化等联想思维，把它转换成新的设计概念，如"桃花源"一词的概念可联想至"东晋""陶渊明""采菊东篱下，悠然见南山"等，最后联想到"隐世"。设计师接触的事物越多，想象力越丰富，分析和解决问题的能力就越强。

（3）发散性思维。发散性思维作为将设计向深度和广度推动的动力，是设计思维中的重要方式之一。发散性思维，关键是要能打破思维定式，改变单一的思维方法，运用联想、想象等，尽可能地拓展思路（图2-3）。

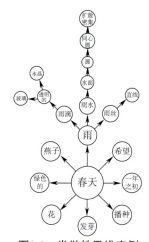

图2-3　发散性思维实例

（4）图解形象思维。图解形象思维主要是在手绘草图过程中，通过眼→脑→手→图形四个环节的配合和反思，边看、边想、边画，反复推敲，促进设计思维的完善。

2.2.2 确定设计方案

本阶段要求各项目组将设计风格与理念贯穿于整个方案设计之中，初步确定解决技术问题的方案。

1. 确定空间的平面技术参数

平面布置是整个方案设计过程中最重要、最难把握的一个环节，平面布置首先要满足空间使用功能分布，要求在限定的建筑框架中实现空间利用的最大可能性。

空间的平面布局需要统筹规划。通常，首先要根据空间使用要求、设备尺寸、人体工程学、建筑设计规范等定出具体的空间尺寸数据要求，包括各个空间基本面积分配、走道的宽度、隔断高度、人平使用面积等，再全面积进行划分。

2. 空间组织设计

空间组织设计首先要考虑的是功能区域的安排。功能区域安排要符合工作和使用的方便，每个空间还需有相关的功能区辅助和支持。如在办公空间设计中进行的接待和洽谈，有时需要样品展示和资料介绍的空间；工作和审阅部门，也许需要计算机和有关设施辅助；领导部门常常需要办公、秘书、调研、财务等部门配合，这些辅助部门应根据其工作性质，安排在合适的位置。在进行功能区域分配时，除了要给予足够的空间之外，还要考虑其位置的合理性。

空间组织设计还要考虑空间序列的设计。如同写文章一样，要考虑空间的起始、发展、中心、尾声，四个阶段的组织安排。

3. 多方案综合对比分析

多方案综合对比分析在室内设计过程中是一个必不可少的环节，设计师针对空间设计往往会提出若干不同的方案发展方向。最终一个优秀的设计方案的诞生，常常是将前期提出的多种方案进行对比分析，比较出优劣，筛选出精华，然后决定设计发展的方向，有时也可采用综合的手法，将几种设计方案取长补短，经过提炼优化整合为一个新方案（图2-4）。

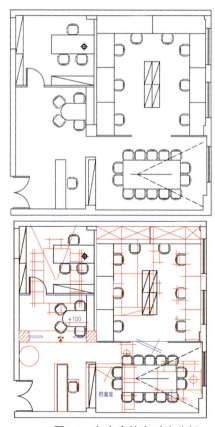

图2-4 多方案综合对比分析

2.2.3 方案设计与图样表现

本阶段要求各项目组将设计方案前期以方案草图的形式展现，之后又用方案文本的形式表现出来。

方案草图的表现是方案设计平面立体构思的延伸，是设计师与客户沟通的最有效的表达手段之一。

方案草图的具体表现方式有徒手线稿、钢笔淡彩、马克笔、彩色铅笔，描绘草图加计算机技法修饰等，方案草图的表达是基于设计师对空间完全理解的基础上，将设计构思用形象的方式表达出来的一个总过程，是设计思维概念转化成设计成果的重要手段。图2-5所示为某办公楼平面方案图。

方案图设计阶段的技术图样是一套完整的正式室内设计图样，它包括平面布局图、地面铺设图、顶棚平面图、立面图、空间效果图、材料样板图和设计说明。从内容上，方案图是概念设计的具体化、全面化和深入化。从效果上，方案图是运用规范的工程交流图样语言，达到具有表现力的强度，从某种意义上讲，它是概念设计的优化选择，是决定设计方向的关键阶段。

图2-5 某办公楼平面方案图

效果图是设计构思空间的虚拟呈现，是为了表现设计方案的空间效果而制作的一种三维空间虚拟表达。方案效果图直观明了，对于委托方来说，效果图是理解设计意图的一种很好的方式。在实际的业务沟通中，效果图只是设计师表现方案的一种手法，并不是设计工作的全部。让委托方能直观了解设计构思的综合表现，便是效果图的目的。效果图难免与实施后的现实效果会有出入，这是设计师应该预先提醒委托方的，避免委托方只依赖效果图来评价设计的好坏。

在绘制效果图的过程中，设计师的艺术修养、审美素养及手绘透视图的基本技能，对设计效果图表达的水平起着举足轻重的作用，对于方案设计也影响深远，所以要做好方案表现，设计人员必须将这几个方面作为长期训练的必修课。

效果图包括计算机效果图、手绘透视图两种。手绘透视表现技法需要更多的美学基础和手绘技能支持,并不是所有的设计师都能完全把握的,由此便派生了专业建筑表现行业,包括手绘建筑表现及计算机效果图制作两种,各有着不同的表现方式,虽然两者所用的工具不同(手绘以纸和笔为主,计算机以3Dmax、Photoshop等软件为主),但他们都是以美学法则为原则,以设计规范为依据的最终表现,需要建筑表现师具有丰富的创作经历及实际经验,才能创作出令人满意的效果图。图2-6所示为某项目设计效果图。

图2-6 某项目设计效果图

2.2.4 方案成果要求

设计师应在充分了解设计委托合同要求的前提下完成方案设计成果,具体提交顺序要求如下。

1)设计方案说明:第一部分是项目的基本情况描述以及技术经济指标,如工程地址、设计内容、设计要求以及设计依据等;第二部分是关于设计创意的描述,通常按照该设计个案的功能定位、风格诉求、意境描述和实施手法来陈述。设计方案说明的描述是设计师感性思维的展现,用文字补充设计作品的意境,与图样配合使用,使委托方对设计方案有一个更全面的认识。

2)设计方案平面图 在确定的建筑框架图的基础上,按照规范画出具体而详细的平面图。绘制平面图应严格按比例进行,不得随意调整,一般平面图采用的比例为1:50~1:100。平面图应明确用标注表示各功能空间、隔墙位置、地面铺装、家具陈设等具体情况。

3)设计方案的主要空间的设计效果图。

4）设计方案的主题配色方案，主色、衬色、补色应提交色样或色标。

5）软装陈设索引图、重要空间陈设及特殊物品的图片或构想图等，如特殊要求尺寸的沙发、造型雕塑、灯具、造型工艺陈设等。

6）设计所需且与整体配色概念一致的材质肌理样板（无样板应提供该系列材质的清晰照片），所选材料应考虑工程造价控制因素。

7）提交该案的灯光照度参数、色温参数及特殊照明方式的具体实施方案。

2.3 设计成果的展示方式

设计构思基本完成后，归结为一份完整且有创意的成果后，可采取多种表达方式与委托方进行沟通。一般有如下三种方式。

2.3.1 文本或展板展示

将设计师完成的方案设计图含效果图、方案平面图等设计成果，经排版整理后以A3图册文本的形式装裱或用A0~A1系列展板，向委托方汇报说明，展板或图册制作需要与平面设计师配合，对相关的内容进行设计和编排，方可完成。如图2-7~2-28所示为某书城室内装饰设计方案的文本展示。

图2-7

目录

- **01** 项目基本原始情况
- **02** 项目设计定位分析
- **03** 平面功能布局方案
  - 书城一层平面布局
  - 书城二层平面布局
  - 书城三层平面布局
  - 五层办公区平面布局
- **04** 物料与空间色彩分析
- **05** 室内主要空间效果图
  - 书城国学馆书海云梯效果图
  - 书城大厅效果图
  - 书城总服务台效果图
  - 书城长廊效果图
  - 书城电梯厅效果图
  - 书城大讲坛效果图
  - 书城文艺馆效果图
  - 书城学生馆效果图
  - 书城儿童馆-亲子阅读区效果图
  - 书城儿童馆-趣味大台阶效果图
  - 书城卫生间效果图
  - 书城大宅体验书房效果图
- **06** 项目投资概算分析

图2-8

设计符号与溯源 Team

主题书店

图2-9

设计符号与溯源 Team

地标书店

创意来源　地域性

湘湘文化
莲文化
白石书法文化
湘潭传统民俗
传统建筑文化
砌上露明造

图2-10

设计元素 SIGN

中堂

中国古代的建筑前面有天井或者是一个院子，而且位置居中，在一个房子的中心点，整个的布局可以说是很讲究的，古建筑的中堂，也是家人聚会，见面聊天、接待客人的地方。
书店是放大的中堂。
中堂家具集案、桌、椅、架于一体，是中国"礼器"的一种。

挑梁+间架+礼器

图2-11

功能布置 Function

数码科技馆 106m²
咖啡区 228m²
国学馆 270m²
书城大厅 86m²
湖湘馆 458m²
交通及辅助空间 173m²

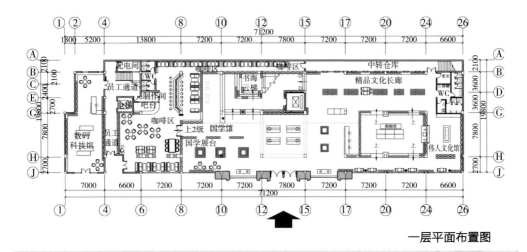

一层平面布置图

图2-12

功能布置 Function

儿童馆 386m²
教辅馆 359m²
DIY手工馆 105m²
文创、展示与服务 143m²
员工食堂 185m²
交通及辅助空间 160m²

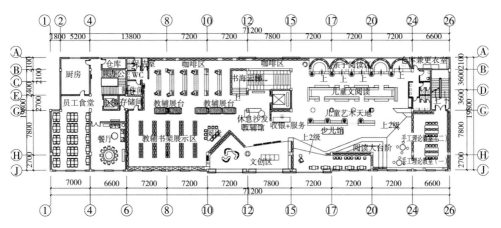

二层平面布置图

图2-13

功能布置 Function

科技馆 265m²
讲座区 215m²
文艺馆 623m²
交通及辅助空间 124m²

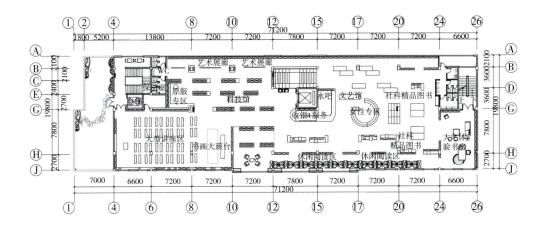

三层平面布置图

图2-14

物料与材质 Texture

1. 冰河石系列
2. 仿瓦特洞石系列
3. 古榆木
4. 胡桃木

图2-15

书海云梯 **Space**

图2-16

书店大厅 **Space**

图2-17

书店中厅 Space

图2-18

书城总服务台 Space

图2-19

书店长廊 Space

图2-20

二楼电梯厅 Space

图2-21

书店讲坛 Space

图2-22

文艺馆 Space

图2-23

学生馆 Space

图2-24

亲子阅读 Space

图2-25

第 2 章 公共空间室内设计的过程与方法 | 037

图2-26

图2-27

图2-28

图2-29~图2-40所示为某亲子书店室内装饰方案文本展示。

图2-29

第 2 章 公共空间室内设计的过程与方法 | 039

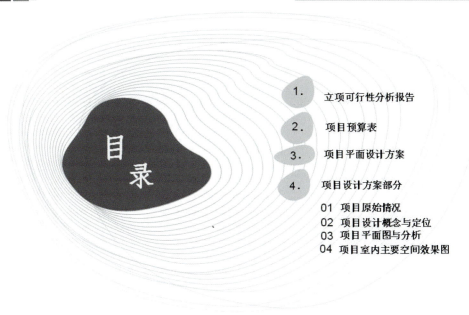

图2-31

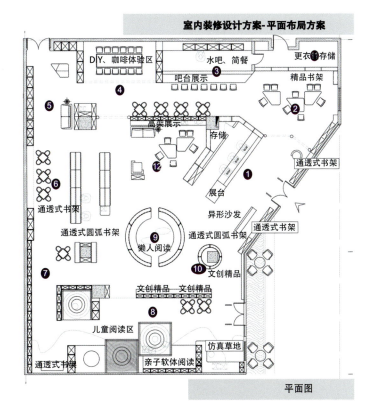

图2-31

室内装修设计方案-项目原始情况

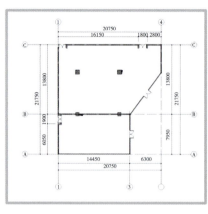

项目基本情况：
1. 项目地址：本项目位于某商业中心四楼
2. 建筑面积：项目总建筑面积382m²
3. 结构类型：框架结构
4. 现场情况：毛坯
5. 周边条件：商业中心楼为儿童业态，1~3楼为百货卖场，5~6楼业态为餐饮以及娱乐

原始平面图以及店铺原始图片

图2-32

室内装修设计方案-项目定位

每一种书店都有其核心价值特征，对特定的顾客群产生吸引。

　　到书店不仅是获得知识和智慧，更重要的是审美的体验与情感的共鸣，那么书店之外的环境、风格、文化活动、顾客交流是书店的核心价值，书店就是一群人的生活方式。

项目定位分析：
1. **性质**：书店应走向文化生活，而不是传统的、单一的图书贩售商。
2. **境界**：书店要把图书、环境、服务、员工、读者和看客都组合成一个有机结合的整体。
3. **定位**：书店建筑面积380m²左右，面积不算太大，完全不必按照大书城的做法去求精细，更重要的是根据自己的图书结构和顾客定位做得有趣味、有创意。
4. **客户分析**：带孩子的家长、大中学生、女性闺蜜、小资情侣

项目定位

图2-33

室内装修设计方案-项目设计概念

项目设计概念：

1. 建筑主题
   北欧小镇的清新的白色系，结合绿植、花艺、灯光，空间有趣味、有魅力、能亲近。

2. 美食主题
   好书与美食 就好比郎才女貌相会在这里。

3. 女性主题

书中自有千钟粟
书中自有黄金屋

当然书店同时也不排斥男性客户，空间有喝饮料聊天的功能，也有阅读看书和上网和写作的功能。

项目设计概念

图2-34

室内装修设计方案- 设计元素与物料色彩

项目设计元素：

1. 黑胡桃
2. 白蜡木水洗白
3. 海蓝
4. 铁艺玻璃灯饰
5. 绿植
6. 相框、挂画
7. 白色拱门
8. 斑驳的白色泥墙
9. 欧式传统的线板
10. 景窗
11. 栏杆
12. 书籍

设计色彩与物料：

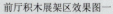

前厅积木展架区效果图一

图2-35

室内装修设计方案- **外立面效果图**

外立面效果图一

图2-36

室内装修设计方案- **咖啡阅读区**

咖啡阅读效果图一

图2-37

第 2 章　公共空间室内设计的过程与方法 | 043

室内装修设计方案-前厅效果图

前厅效果图一

图2-38

室内装修设计方案-儿童趣味阅读区（亲子阅读区）

儿童趣味阅读区效果图

图2-39

阅读体验区效果图

图2-40

2.3.2 数字模型计算机投影展示

设计方案的计算机展示可利用相关设计软件进行编辑制成展示文件或3D动画模拟场景,其优点在于可利用大屏幕、高清晰的投影设备,尤其是在3D动画的展示中通过模拟摄像机镜头的移动,虚拟呈现空间的次序及相互的衔接关系,让观者更直接地感受到设计方案的真实场景,再配上与作品内容相协调的背景音乐及设计解说,达到声色辉映的展示效果,极具现场感染力,这对设计方案的陈述起到很好的作用。利用计算机投影进行展示演绎,常常需要设计师预演练习,熟悉展示程序和节奏,才能得到令人满意的效果。

2.3.3 立体模型展示

对于某些大型综合性项目,如房地产项目或综合型shopping-mall可采用立体模型展示的方法。按一定比例缩小的模型能立体呈现一些空间交错复杂的设计构思(如商场中庭、造型较多的展场等),使委托方更加直观地感受空间穿插的变化,起到很好的展示效果。但由于模型展示修改麻烦、携带不便,难以表达一些精彩细节,且受缩小比例的限制会影响展示效果,因此一般用于成品展示性表达。

上述列举的三种展示方式各有利弊,可以相互补充使用,一般根据实际情况选择，力求方案作品得到最充分的展现。

2.4 施工图深化设计阶段

深化设计阶段是在完成了方案设计之后，在经业主确认设计方案的基础上进行的，该阶段会将设计方案按照建筑制图标准绘制成准确的装饰施工图。施工图既是工程预决算的依据，也是工程设计人员和施工人员交流的语言及施工的依据，一定要标准、严谨。深化设计不仅要考虑施工构造的问题，还要验证方案设计的可行性，完善方案设计的合理性，进一步深化表达方案设计的理念。

施工图主要内容包括室内各空间界面及装饰构件的处理、材料及构造、剖面做法、细部尺寸及大样、设备位置、安装和施工详细说明书。

施工图深化设计阶段一般要求利用CAD或者天正制图软件完整地将设计施工图制作出来，在制作过程中注意调整尺寸与形式，着重考虑方案的可实施性。深化设计施工图包括平面图、顶棚图、立面图、剖面图、大样图等，图样主要表现界面的材料以及规格、构造做法、配色设计、尺寸大小、收口方式等，设计师应在充分掌握材料性能的基础上做出符合建筑技术规范要求的设计。

常用施工图比例为1∶25、1∶30、1∶50、1∶100等，由于图幅大小的限制，各类施工剖面图通常不能详尽地表达施工材料与构造细节，必须用大量的细部节点及大样图才能充分完整地表述设计意图。此类图要求在界面转换和材料衔接过渡处作局部详剖，要有详细的做法说明和尺寸标注，常用比例为1∶1、1∶5、1∶10。

在公共空间室内设计中，常有与其他专业综合交叉的情况，其中主要有以下五大系统：

（1）电器系统。室内设计的电器系统设计是指220V以上的强电照明设计，用室内照明和灯光布置来营造空间艺术氛围是其主要任务，同时又涉及电器工程专业领域知识。设计程序是在装饰设计完成了灯光布置的位置、灯具的类型、光源的冷暖和形式的基础上，由电气工程师进行电气系统图设计，主要包括电气系统图、照明电器图、电路插座布置图及电气设备材料表。

（2）弱电系统。室内设计的弱电系统是根据各类公共空间的功能需求所进行的36V以下的线路设计图。一般情况下，弱电系统工程主要包括：①电视信号工程，如电视监控系统、有线电视；②通信工程，如电话；③智能消防工程；④音响与视频工程，如公共空间内的背景音乐；⑤综合布线工程，主要用于计算机网络。随着计算机技术的飞速发展，软硬件功能的迅速强大，各种弱电系统工程和计算机技术的完美结合，以及各类工程的相互融合使以往的各种分类不再像以前那么清晰。

（3）给水排水系统。公共空间室内给水排水系统，一般情况下分两种，一种是生活饮用及洗涤用水排水，另一种是消防给水排水。后者是法定给水排水部分，在设计中不能移动或遮盖。室内给水系统由引入管、水表节点、给水管网及给水附件（各种阀门和配水龙头）组成。室内排水系统一般包括卫生器具、排水横支管、立管、排管及通气管。

室内设计按要求完成各用水点的准确定位，再由给水排水专业工程师做系统设计。

（4）供暖通风系统。供暖主要由热源、输热管和散热管设备组成，室内通风就是指换气和降温，将室内热空气以及污浊空气排至室外，将室外的新鲜空气交换到室内。通风可分自然通风和机械通风，机械通风常采用风扇排风和空调降温。公共室内空间一般采用中央空调系统，通常由专业空调公司设计安装，这常给室内装饰设计带来很多麻烦，因为它的通风管部分会占据顶部，造成空间高度及形状的限制，出风口有侧送风和顶送风两种。室内设计与暖通设计之间主要是协调关系，在满足室内空气质量要求的前提下，保证装饰效果，做好设备与界面完美结合的处理。

（5）消防系统。公共室内设计必须熟悉消防法规，按照规范合理布置各种消防通道、人流疏散通道及主通道的宽窄。室内设计须妥善处理消防设备布点与界面的关系，用材用料、工艺做法符合消防规范。火灾自动报警系统是现代消防系统中的重要组成部分，包括烟感器、喷淋头、报警器。消防系统图主要内容涉及室内顶棚上的烟感器、喷淋头及水幕的布置，墙面设计中涉及应急灯、消防栓箱及灭火器的布置。

2.5 设计实施阶段

本阶段要求通过组织客户和评委以设计竞标的方式对各项目组完成的设计方案进行挑选，选出满意的方案后委托设计方做出装饰施工图，交予施工方以进入装修实施阶段。在设计实际项目中，室内设计人员要与现场施工人员进行技术交底，协调各工种同装饰工程间的关系，现场处理设计图样与建筑现场条件之间的矛盾或存在的问题，保证施工工艺技术达到设计要求等工作，并做好相关资料的记录整理，确保设计实施。

2.6 公共空间设计项目调研实训任务书

（1）项目内容：公共空间设计项目调研。
（2）实训目的：掌握公共空间设计项目调研的内容以及编制方法。
（3）实训要求：
1）通过实地考察某公共空间设计作品，了解并认识不同类型公共空间设计对于空间的功能划分、尺度要求，对设计风格有一定的认识。

2）熟悉公共空间交通流线与空间分布的确定原则，通过学习、观摩真实设计项目的成果，使学生了解公共空间设计分类的依据，空间的组成与界定的方式，感受空间设计的方法。

3）实地了解设计项目的进程安排以及阶段性成果。

（4）实训成果：

写出调研报告，报告内容包括：考察时间、考察地点、考察方式、考察内容、考察体会，根据考察报告分析现状、发展趋势。

（5）成果形式：

以2~3人组成设计小组完成调研报告，以A3文本或者PPT演示文稿展示。

第3章　办公空间设计

3.1　办公空间的分类与特点

办公空间设计的主要目标就是要为空间的使用者创造一个舒适、方便、卫生、安全、高效的工作环境，更大限度地提高工作效率，建立一种人与人、人与工作之间的融洽氛围。

3.1.1　根据使用性质分类

办公空间是指机关、商业、企事业单位等办理行政事务和从事业务活动的办公环境系统。从办公空间的业务性质来看，主要有以下三类：

（1）行政办公空间。行政办公空间即指各级机关、团体、事业单位的办公空间。行政管理办公机构的办公状态以文案处理为主。其特点是部门多，分工具体，各部门以及上下级之间的工作分工明确，讲求系统、快速、高效。办公空间设计风格多以朴实、大方和实用为主，具有一定的时代性。

（2）专业性办公空间。专业性办公空间针对性强，需根据行业所需的功能要求与功能空间进行设计。这类型的办公空间主要是指能够提供专项业务服务和咨询的机构办公部门，如专业咨询办公机构、广告公司以及各种美术设计工作室，科研、金融投资、贸易等专业场所等。其装饰风格往往带有行业性质，多以与企业形象统一的风格设计作为空间的形象。这类机构办公状态大多以交流、创造、制作为主体，除了普通的行政事务，各职能部门的工作多数呈平行关系，是同一流程的不同环节，通过各部门的密切合作，最终完成任务。

（3）综合性办公空间（图3-1）。综合性办公机构指较大型的公共服务机构，以办公空间为主，同时包含服务业、旅游业、工商业等。综合服务机构既有对外宣传、联络部门，又有内部行政管理、业务开发等部门，各部门之间既穿插上下级的等级关系，也运行有流水线般的工作程序。各个部门内部的工作状态具有独立性和专业性。随着社会的发展和各行业分工的进一步细化，各种新概念的办公空间还会不断出现。

图3-1 综合性办公空间

3.1.2 空间布局形式分类

办公空间的空间布局形式，主要有以下几类：

（1）单间式办公空间（图3-2）。单间式办公空间是以部门为单位或以工作性质划分，将各单位分别安排在不同大小和形状的房间之中，独立办公。单间式办公空间的优点是各个空间独立，相互干扰小，灯光、空调等系统可独立控制，节约能源。单间式办公空间根据隔墙材料的不同可以分为全封闭式、透明式或半透明式。封闭式的单间式办公空间具有较高的私密性；透明式的办公空间除了采光较好外，还

图3-2 某单间独立式办公空间

便于领导和各部门之间相互监督及协作。透明式的间隔可通过加窗帘、玻璃磨砂处理等方式改为封闭式。单间式办公空间的缺点是在工作人员较多或者人员变动时，由于分隔较多会占用较大的空间，且隔墙位置与结构相对固定，不适宜于空间的弹性变化，易形成重复建设，造成装修的浪费。

（2）单元型的办公空间（图3-3）。单元型办公设在办公楼中，除文印、资料存储等服务用房、辅助用房为大家共同使用之外，其他的空间具有相对独立的办公功能。通常其内部空间可以分隔为一般办公、接待会客、管理人员办公等空间区域，根据功能需要和建筑设施的情况，单元型办公空间里还应设置会议室等用房。

（3）公寓型的办公空间。以公寓型办公空间为主体组合的办公楼，也称办公公寓楼。这一类型办公空间的主要特点是，空间除了可以办公外，还具有类似住宅的功能，如盥洗、就寝、用餐等，为需要给办公人员提供居住功能的单位或企业带来了方便。

（4）开敞式办公空间（图3-4、图3-5）。开敞式办公空间指在一个大空间内设置若干个办公单位，而每个办公空间之间用矮隔断进行分隔。这种办公空间由于工作台集中，省去了不少隔墙和通道的位置，节省了空间；同时在一个大空间中共享办公室装修、照明、空调、信息线路等设施，费用相应会有所降低。开敞式办公空间家具一般为工厂规范化产品，其使用、安装和拆搬都较为方便，且随着生产效率的提高和批量化生产的快速发展，这类家具会越来越规范化。

开敞式办公空间的缺点是部门之间干扰大，风格变化小，且只有在部门人员同时办公时，空调和照明才能充分发挥作用，否则浪费较大，因而这种形式多用于大银行和证券交易所等单位，即有许多人在一起工作的大型办公空间中。在开敞式办公空间设计中，常采用不透明或半透明轻质隔断材料隔出领导的办公室、接待室、会议室等，使其在保证一定私密性的

图3-3　单元型的办公空间

图3-4　某政务中心开放式办公大厅设计

图3-5　开敞式办公空间

同时，又与大空间保持联系。

（5）景观办公空间（图3-6）。从1960年德国一家出版公司创建"景观办公空间"以来，这种办公空间形式在国外就备受推崇。高层写字楼的不断涌现，对大空间景观办公空间的发展起到了很大的推动作用。特别是在使用集中空调、大进深的办公楼里，为减少室内环境对人们的心理和生理上造成的不良影响，减轻工作疲劳，营造一个生机盎然、令人心情舒畅的工作环境，就变得尤为重要（图3-6）。

图3-6 某景观办公空间

景观办公空间具有如下特点：景观办公空间中，作为行为主体的"人"在提高办公效率中起主导作用和积极意义，生态意识贯穿整个空间设计，空间注重人与自然的完美结合。景观办公空间是在大空间中形成相对独立的小空间，具有景园和休闲气氛的特点，宜于创造和谐的人际和工作关系。注重用设计的手段或借助造景的形式让空间布局有序，使空间内成员之间紧密联系，沟通方便。常常采用家具、绿化小品和形象塑造等对办公空间进行灵活隔断，且家具、隔断均选用模数化、标准化的产品，具有灵活拼接、组装变化的可能，以体现出一种相对集中"有组织的自由"的管理模式和田园氛围。

3.1.3 办公空间的特点

办公机构的设立是社会需求的结果，是为社会整体劳动交换提供一个信息供求与管理的操作平台。新型的办公空间设计相比传统办公空间，具有了新的特点，体现在以下三个方面。

1. 信息化

随着信息科学技术的发展，计算机办公使人的办公行为超越了时空的界限，人们能够更快捷地获取信息以完成各项工作，工作节奏加快、工作的地点也相应发生了变化。这不仅使现代办公提升了效率，更重要的是其改变了办公工作方式和办公组织机构，从而影响到办公空间的设计，随之出现了许多新的办公类型。其中主要有SOHO型办公方式，简单的解释就是在家里办公。这种办公模式使办公空间与家居空间合二为一，工作时间呈弹性状态，节省了建筑空间，缓解了城市的交通拥挤，节约了用于交通往返的时间及办公的费用和成本，实现了"移动办公""远程办公"模式。同时，工作时一般较少被其他人干扰，进而提高了工作效率。目前在家办公的人士多为作家、广告策划者、编辑、会计师、建筑师、其他行业设计师、咨询顾问以及个体工商者等。

2. 生态化

人们虽然已经适应了自己所创造的建筑内部空间，但是在心理上仍然保留了渴望与自然接近的习惯，外部世界的自然景色对空间有不可估量的价值，将空气、阳光、水、绿色植物等自然因素引入到工作场所中可以增添空间情趣和消除疲劳，并能激发人们自身的活力。

3. 智能化

智能办公空间是传统的办公空间与信息科学技术密切结合的产物。智能型办公空间是现代社会企事业单位共同追求的目标，也是办公空间设计的发展方向。

现代智能型办公空间具有以下三个基本条件和特征：

（1）先进的通信网络是智能型办公空间的神经系统，能全面完成语音、数据、图像的传输、交换及服务。有数字专用交换机及内外通信系统，能够安全快捷地提供通信服务。

（2）办公自动化系统（OA），即与自动化理念相结合的"OA办公家具"。通过无纸化、自动化的交换技术和计算机网络促成各项工作及业务的开展与运行。使在不同工作地点办公的员工能够不离开工作位置而召开会议。OA的秘书工作则借助计算机终端、多功能电话、电子对讲系统来开展。

（3）建筑自动化管理系统。建筑自动化管理系统主要包括电气、空调、卫生及能源等管理系统，还包括防灾、防盗等功能的安全系统。

3.2 办公空间设计的功能要求

如图3-7所示为办公空间的功能划分。

办公空间按照办公职能不同大体上可划分为主体业务空间、公共活动空间、配套服务空间以及附属空间等。各种职能部门根据其作用的人小在办公总体空间所占的比重各有不同，同时，各种功能作用的空间在安全、使用方面也有一定的科学范围要求。因此，合理地协调各个部门、各种职能的空间分配成为办公空间设计工作的主要内容。

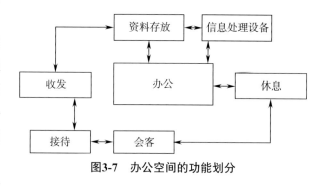

图3-7 办公空间的功能划分

1. 主体工作空间

主体工作空间可按照人员的职位等级划分为独立单间、开放式办公室等不同面积和私密状况的分隔空间。单间办公室或者在开放式区域设置的较为独立、封闭的工作空间，一般适合部门主管或者会计师、律师等处理较为机密性文件的人员，其办公空间注重工作的个人自律，而且工作的互动较少。目前一般职员的主体工作空间采用开放式办公空间的比较常见。

各个业务职能部门由于工作性质、人员组成各有不同，对于部门总体的空间尺度安排也有所差异。而且，在同一部门中，工作人员的专业设备、文件储存以及来访客人的数量、级别也不尽相同。因此，主体办公空间划分的单元数量、尺度均要根据各部门机构的具体工作需求而定。

高层管理人员、企业决策人员办公室的布局要注意以下四点：

1）一般情况下这一类型的空间多为一个人单独的办公室，应该注意相对独立，多在建筑平面结构最深处安排企业管理者办公室，目的是为了创造一个安静、安全、干扰少的环境。

2）空间要求相对宽敞，但不同的行业企业就各级人员的办公使用面积有具体的规定，设计师在设计工作开展之前应进行前期调研准备。

3）方便工作。一般企业决策人员办公空间要配备接待室、会议室、秘书办公室等。

4）特色鲜明。企业决策者、管理者的办公室代表企业形象，应结合企业CI/VI设计，体现企业的行业特点等。设计上不宜一味地追求豪华气派，而应该注意设计高雅、格调定位准确，不给人俗气的印象。

企业总经理办公室、董事长办公室在现代办公空间设计中也是一个重点。一般由会客（休息）区和办公区两部分组成。会客区布置小会议桌、沙发、茶几，办公区布置书柜、板台、板椅、客人椅。空间内要反映空间使用者的一些个人爱好和品味，同时要能反映企业文化特征。

现代企业一般管理人员和工作人员，往往使用大办公室，采用集中办公的方式，其目的是增加沟通、节省空间、便于监督、提高效率。大办公室的缺点是相互干扰较大，因此设计一般以部门或团队进行分区，采用高度为1.2~1.5m的隔断，让每一位员工拥有相对独立的工作空间，减少相互干扰。

2. 公共活动空间

在任何环境设计中，公共活动空间是人们正常活动、交流、沟通的必备场所。与主体工作空间相对而言，办公环境下的公共空间则指从工作角度所触及的所有人员可共同使用的空间，包括对外交流以及内部人员使用两大部分。

（1）对外交流空间。对外交流空间是指外来人员所接触的空间范围，包括前台、接待、会客室以及能够展现机构专业性质、服务范围和企业文化的展示区域等。

对外交流空间是企业办公空间的"门面",是外部人员了解其业务范围、实力和能力的最直接媒介。对外交流空间设计要反映一个企业的行业特征和企业管理文化。

前台接待处作为办公机构进出的交通枢纽,具有内外联络、咨询、收发、监管等功能。这部分空间主要有接待台、客人等待区,空间设计上要配备企业标志、标牌等。根据使用办公空间的机构规模的不同,可对这些功能空间的形式和大小进行调整。独立设置时,通常也会设置于入口附近,便于接待人员随时进行内外联络,以提供咨询与服务。对于规模不是很大的小型机构可利用简单必要的家具组合形成综合性外部服务区域,将接待、会客、展示等各种对外功能集中于一体,既节省空间,又节约服务的人力(图3-8)。

(2)公共使用空间。机构内部人员使用的公共空间主要是指为办公工作提供方便和服务的辅助性功能空间,包括用于内部培训、学习、接待、会议等活动需求的空间。根据办公空间项目的大小可设小、中、大型接待室,小、中、大型会议室,以及各类大小不同的展示厅、资料阅览室,还可以设置多功能厅和报告厅等。内部使用的公共空间功能的设置以及其位置的确定是根据该办公空间定位因需而定的,空间尺度范围还要符合人体工程学。创意性或知识密集型机构,如法律、设计事务所等,资料储存和阅览空间为必备区域,要求设立专门的复印、打印机房,但普通行政事务机构不一定需要设置此功能空间,如图3-9所示为某办公空间会议室。

图3-8　某接待室布置图

图3-9　某办公空间会议室

会议空间是现代办公室空间设计重要的公共空间之一,是机构谈判、决策、交流的场所。根据使用对象不同,会议空间可按外部与内部、高层与部门内部等分别设置;也可按照使用人数分为大、中、小等不同尺度的空间。不同的使用方式和功能状态决定了会议空间的设施配备与安排位置均有差异。小型和中型会议室常采用圆桌或长桌式布局(图3-10、图3-11),大型会议室常采用教室式布局(图3-12),即观众座位与主席台的布局;与会者围坐,利于开展讨论。会议室装修应简洁,光线充足，空气流通。一般在主位设置背景墙，可以使用企业LOGO、标准色装饰墙面。

以会议桌为核心的常规会议室人均额定面积为1.8m²左右，无会议桌或者课堂式座位排列的会议空间中人均所占面积应为1.1m²左右。

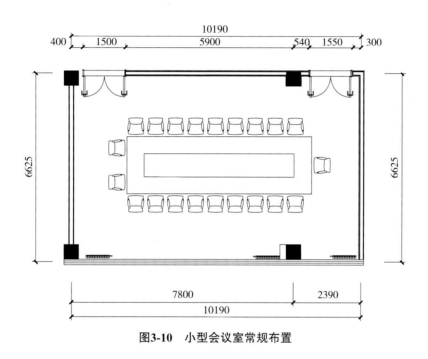

图3-10　小型会议室常规布置

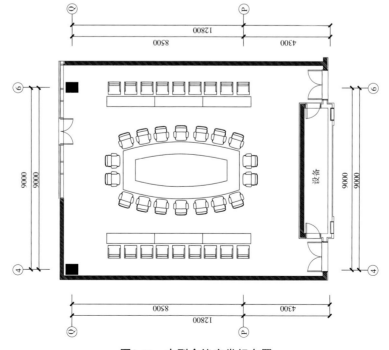

图3-11　中型会议室常规布置

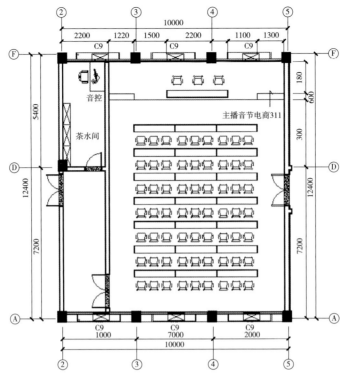

图3-12　大型会议室常规布置

3. 辅助服务空间

辅助服务空间是指为主要办公空间提供资料收集整理存档、员工休息、卫生服务和后勤管理的空间。通常有资料室、档案室、文印室、员工餐厅、茶水间以及卫生间、后勤管理办公室等。

随着社会的发展，办公空间越来越重视企业内部的文化建设。为了使员工有更强烈的企业归属感，会配备专门的休闲、简单的健身娱乐等设施，使工作人员保持良好的状态，在此环境下工作更专心、更高效，从而为企业创造更多的效益。

4. 附属设施空间

附属设施空间是指保证办公大楼正常运行的附属空间。通常包括配电室、中央控制室、水泵房、空调机房、电梯机房、消防控制室等。通常同一类型的办公空间根据规模的大小，设备的配置、功能及其服务区域，附属设备用房的尺度、位置均会有所不同。一般情况下，大型或危险系数较高的附属设备会远离公共办公区域，小型的设备则可就近安排在负责保管维修的部门中。例如，在大型办公建筑中通常会有独立而统一的变配电用房，而在小型的办公机构中，配电箱常常安装在接待台或员工休息室的橱柜中。

总体来讲，办公机构的功能分配是为了满足人们在工作时间内的各种需求，从而创造一个更有效率的工作环境。各个办公机构的功能空间的布局会因机构的业务性质、人员数量而有所不同。因此，有些办公空间会按接待、会客、会议、业务工作、茶水、休息、卫生间等前后顺序来进行整体空间的安排，将主体工作部门安置在办公空间的中心，服务性公共空间安排在角落或靠后，这种空间的安排方式使空间整体顺序由对外开放性逐渐转化为内部私密性，越深入空间内部，私密性越强。而有些办公机构则会将复印、茶水、休息、卫生间等后勤服务性空间安排在中心位置，展示、会议室以及各部门工作空间均围绕此中心呈放射状或两侧分布，以便各个职能部门的工作不受外部环境的干扰，并且与后勤服务空间联系方便。

3.3 办公空间的设计规范以及基本尺度要求

传统的普通办公室空间比较固定，如为个人使用则主要考虑各种功能的分区，既要分区合理又应避免过多走动；如为多人使用的办公空间，在布置上则应首先考虑按工作的顺序来安排每个人的位置及办公设备的位置，避免相互的干扰。其次，室内布局应避免来回穿插及走动过多等问题出现。空间尺度须符合人体工程学，普通办公桌：长为1200~1600mm、宽为550~700mm、高为700~800mm。办公椅：坐承面高为410mm左右，长×宽为450mm×450mm，椅靠高依款式而定。接待沙发：宽为600~800mm，坐承面高为350~400m，靠背面高为800~1000mm。书柜、书架、资料柜：高为1800mm，宽为1200~1500mm，深为350~450mm。总经理办公桌规格可根据办公室空间选择适宜尺寸，一般为2000mm长和1000mm宽，板椅位宽度为800~1000mm。

办公空间前厅接待台的高度为115 0 mm左右，宽度为600mm左右，员工侧离背景墙距离为1200~1800mm。

开放式办公区隔断高度1200mm以下时，空间通透，隔断不能阻隔视线；当隔断为1500mm高时，空间围合感较强，员工坐下来办公时隔断基本能阻隔视线，私密感较强；隔断高1800mm以上时，空间基本上完全分隔。空间的通透感依赖于隔断的材质选择，如用玻璃隔断，空间就相对通透，如图3-13~图3-17所示为办公空间的部分尺度要求。

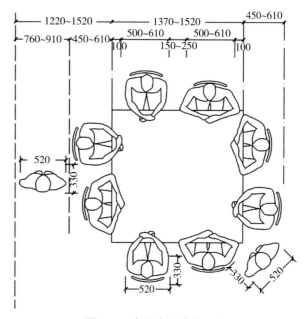

图3-13　办公空间人体尺度

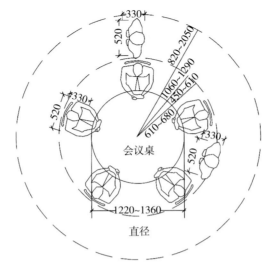

图3-14 混合工作区（一）

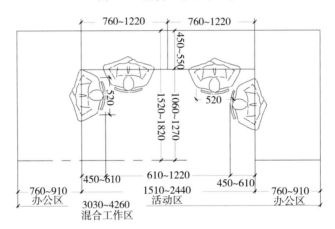

图3-15 混合工作区（二）

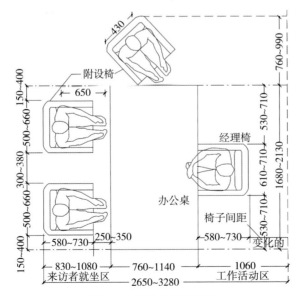

图3-16 经理办公室布置

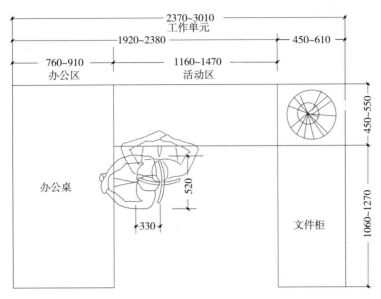

图3-17　基本的U形布置单元

3.4　办公空间的界面处理方法

办公空间的围合主要依靠界面完成，界面由墙面、顶棚、地面及梁、柱等构成，是装饰设计的主体要素。各界面的处理对空间形象的影响是非常大的，直接影响着办公空间设计的最终效果。

现代办公空间装修常用材料、做法如下：

1）墙面：大办公空间墙面一般采用乳胶漆或墙纸，采用墙纸会显得比乳胶漆高档一些。根据办公空间的设计风格定位选择适宜的色彩搭配，一般情况下墙面色彩为空间的背景色主色，因而要选用偏中性的色调，当然明快的色调也能让每个员工保持高度的工作热情。独立办公室会根据办公空间的定位与要求在材质上有所变化，比如选用石材背景或者木护墙等（图3-18、图3-19）。

图3-18　现代办公空间的墙面（一）

图3-19　现代办公空间的墙面（二）

2）地面：除特殊情况外，一般的办公空间地面设计中采用最多的是方块毯以及600mm×600mm或者800mm×800mm的地砖。在前厅、接待厅也可以采用石材。采用石材地面时要考虑两个问题：一个是石材地面与其他材质的接口问题，另一个是办公楼本身建筑上的承重问题。如建筑承重荷载设计时未做此部分考虑就不能采用石材地面。机房对地面有防静电的要求，必须采用防静电材料，如防静电木质地板、防静电架空地板等。

踢脚线一般采用50~100mm的实木线或搭配地面选用合适的材料。

如图3-20所示为某联合办公空间地面。

顶棚：大多数现代办公空间的设计在顶棚用材上都比较简单，常用石膏板、矿棉板或铝扣板，大面积采用轻钢龙骨纸面石膏板、硅钙板面饰乳胶漆也是较常见的做法。顶棚设计会在装修重点部位（如接待区、会议室）做一些石膏板叠级造型处理。采用铝扣板顶棚，会增加一些现代感，但造价要比矿棉板顶棚高得多。矿棉板顶棚和铝扣板顶棚都便于顶棚内机电工程的维修。图3-21所示为某办公室顶棚处理。

图3-20　某联合办公空间地面

图3-21　某办公室顶棚处理

3.5　办公空间的色彩处理与空间氛围营造方法

3.5.1　办公空间色彩设计原则

办公空间色彩设计，应当依据室内空间的大小、陈设及照明环境等整体做出考虑。色彩设计中就单个色彩而言，皆没有美丑之分，但如果色彩配比不恰当，空间效果就大不一样了。良好的办公色彩运用，需要着重从配色方案着手，注意不同色彩之间存在的相互关系，同时还要充分地考虑不同背景下同一色彩的运用会产生不同的效果，正确处理色彩之间的层次关系，营造和谐统一的色彩基调，通过色彩的对比协调关系处理，打造办公空间色彩的视觉美感（图3-22）。

1. 重视色彩节奏特点

办公空间的色彩设计，要保证简单而又富有层次。在对色彩节奏的重复运用及呼应相衬方面尤为重要，如何就色彩节奏进行处理是办公空间色彩设计的关键。设计者应当把具有代表性的色彩，在空间的关键节点部位进行体现，以使整体空间具有基本的色调背景，富于表现力。例如对于办公的家具及地毯、窗帘等物品，应使其色彩统一，可在色彩的纯度与明度方面存在差异，以彰显色彩层次，摒弃单一色调，而使其他色彩趋于从属的位置，这样办公空间就具有了既多元统一又彼此关联的色彩效

图3-22　某办公空间的色彩表现

图3-23　办公空间的色彩设计

果。对于色彩的重复运用及呼应相衬，还存在着诸多的优势，能够使得办公环境的使用人员，产生视觉方面的运动感，增加色彩的动感，消除单调性（图3-23）。另外，在进行办公空间色彩设计时，应当基于工作的性质及色彩受众群体的年龄性别和性格习惯进行选择。

例如，对于一个房地产行业的办公空间，应选择较为稳重大气，同时又符合现代室内空间设计理念的基色进行设计，以由内向外的层次彰显企业的文化内涵。

2. 色彩的协调设计

处理办公空间色彩关系时，除考虑上述的因素外，还应当顾及与室内其他方面主体关系的协调设计。例如在室内空间构造及室内整体风格形成方面，当室内的空间宽敞、采光条件好时，对于色彩选择的余地也就相应较大，当室内空间较为狭窄时，色彩设计应尽可能营造利于扩大空间的效果。

在进行装修材料的选择时，就材料方面的色彩特性进行了解，主要表现在综合考虑材料随时间变化所产生的变色和褪色等情况；同一色彩在不同材质肌理上体现的不同视觉感受等。

整体色彩的风格营造，要综合考虑色彩的基调及主调，色彩冷暖关系及性格氛围等因素。对较为大型的办公空间，在主调方面更应具有针对性，并在确定主色的

基础之上对局部位置做出适当的变化，以此更贴切地反映空间主题。即利用色彩营造出或典雅或华丽，或安静或活跃，或纯朴或奢华等多类氛围，促使办公空间使用者产生不同的感受。例如色彩主调确定为无彩系的淡雅风格时，设计者应将视角重点转移到黑白灰的色系中，努力创造出协调的主体搭配关系，促使室内色彩可以由统一向着多层次变化，达到多样统一、主次分明的效果。

3.5.2 办公空间氛围营造方法

根据办公空间的性质和使用特点，其设计风格在定位上多采用现代主义的极简风格，或者表现高科技、时代感较强的高技派风格以及新型的LOFT风格，某些设计事务所、投资公司等也会采用新中式风格（图3-24~图3-27）。

图3-24 极简现代风格的办公空间

图3-25 新型工业风办公空间（一）

图3-26 新型工业风办公空间（二）

图3-27 新型工业风办公空间（三）

但无论采用哪一种设计风格，在办公空间设计中都应注重人的使用感觉，包括嗅觉、听觉、触觉、视觉等。尤其需要注意以下三点。

1. 视觉的适宜性

视觉效果是判断设计作品优劣的第一要素，包括色彩设计、空间造型、空间形象、材质肌理等方面。在办公空间设计中，办公空间的形象应具有识别性。如果一个场所给不同的人以不同的空间认知，那么它的使用对象就很难对它持有一种积极和感兴趣的态度。设计的视觉适宜性就是应该让办公空间内各个群体的人都尽量拥有相同的视觉感受，让该办公空间尽量被每个人认同并喜爱。例如，一个会议室看起来应该就是一个会议室，它不应当在一群人眼中像会议室，而在另一群人眼中却可能像一个讲演厅。

2. 空间的可识别性

空间的可识别性主要体现在两个层次上：造型和使用模式。造型是指室内空间通过设计师运用形式美的构成法则设计并呈现出的空间视觉形态，而使用模式主要是指空间基于人的使用性质。一个可识别的设计其要点在于人们能够对它形成一个清晰明确的印象，在办公空间中，标志是办公空间中的主要标识物。它往往是人们对办公空间印象最深的部分。所以在设计中要简洁大方，尽量给人留下深刻的印象。设计造型的边缘界面处理是办公空间四周的易识别的重要线性要素，如连续的墙体立面。应该注意的是，办公空间设计中应让空间与四周的风格相融合，给设计的空间带来强烈的可识别性，使其能在人们心中留下深刻的印象。

3. 空间的舒适性

空间的舒适性表现在空间使用者的心理、触感、听感、嗅感等多个方面。空间的触感主要来自材料的运用，材料质感有布艺的柔软、石材的坚硬、钢材的冰冷等，它们都会带来不一样的情感体验，有或温暖、或冰冷、或亲切的感觉。有效地选择、运用材料成为在设计中表达对人情感关注的直接方式。如办公家具多采用木质材料，表达人对自然的向往与亲近，给人一种温和舒适的感觉。

另外办公空间内声环境与嗅觉的舒适度也很重要，噪声来源于办公周围环境，如打字声、人员交谈声、空调声等，可以采用贴隔声壁纸，摆放植物，分隔区域等方法来有效降低噪声。嗅觉的宜人性是指办公空间室内环境空气质量的舒适度，即可让人感觉到空气新鲜，保持头脑清晰、思维敏捷。这就需要考虑室内通风设计、办公设备的更替、窗户大小、人员密度等问题。

3.6　办公空间课程设计实训任务书

（1）项目内容：××××公司办公空间装饰设计。
（2）实训目的：
1）熟悉办公空间空间组织方法与流线设计。
2）掌握办公空间空间尺度与面积分配。

3）掌握办公空间的设计定位。

4）熟悉依据客户及行业要求，并融入设计师的理念进行设计作品创作的方法。

（3）实训要求：

1）了解办公空间设计的程序、设计原则和理念。

2）对办公空间的功能划分、精神取向和文化定位有一定的认知。

3）培养与客户交流沟通的能力及与项目组同事的团队协作精神。

4）设计中注重发挥自主创新意识。

5）在训练中发现问题及时咨询实训指导老师。

6）训练过程中注重自我总结与评价，以严谨的工作作风对待实训。

（4）实训成果：设计成果以文本或展板的方式表达，要求学生将完成的方案草图、效果图、方案平面图等设计成果，经排版整理后以A3图册文本的方式装裱或以A0~A1系列展板展示。内容包含本案设计方案平面图、设计定位说明、主要空间设计的效果图、主题配色构思、材料选型方案。

3.7 办公空间课程设计实训过程指导

3.7.1 设计准备

1. 方案设计前期准备

本阶段要求与目标客户进行前期沟通，沟通信息主要包括办公企业的经营定位、行业特点、行业规范，使用对象意向，工程造价控制等方面。从而收集整理好设计资料、素材，做好前期准备。

2. 实地勘查现场情况

对于项目选址进行实地勘查，勘查的内容包括选址所属建筑的构造和周边环境两个方面，并将实地勘查的情况客观详细地记录于原始建筑图中。梁柱所在的位置及相互关系，承重墙和非承重墙的位置及关系，水暖电气等设施的规格、位置和走向等都将成为后期设计的依据。

3.7.2 方案的初步设计

本阶段要求各项目组针对项目拟定客户信息与设计要求进行分析。项目组将方案设计前期准备阶段所收集的信息进行列表分析，并抓住主要信息作为设计定位依据，即根据办公的定位、投资情况及文化定位，结合主要竞争对手的文化定位与经营定位确立空间功能划分与主要装饰风格。

3.7.3 方案设计草图创意手绘成果

本阶段要求各项目组在方案草图的基础上将方案完整地用效果图的形式表现出来,并利用口头和文字两种方式表述方案设计思维,绘制手绘效果图。注意透视方式及视角的选择。注意方案空间感、光影关系的表达,色彩的处理,质感的表现,以及陈设设计的表现。

图样部分的内容包括:

(1)绘制完整的方案平面图、顶棚图(以平彩的方式表现),以及主要空间的立面图。

(2)绘制手绘或计算机效果图。注意透视方式及视角的选择,以及空间感、光影关系和色彩与质感的表现。

(3)利用文字结合图表以设计说明形式表述方案,需含主要经济技术指标、设计构思说明,结合设计主题及个人构思特点进行说明。

(4)制作A3方案文本。

如图3-28、图3-29所示为学生完成的办公空间设计作业。

图3-28 学生作品(一)

图3-29 学生作品（二）

第4章 餐饮空间设计

4.1 餐饮空间的分类与特点

"食"是人类生存需要解决的首要问题之一。在社会多元化渗透的今天,饮食的内容已更加丰富,人们的外出就餐行为逐渐衍生成一种享受、一种体验和一种交流,所有这些对于餐饮的诉求都应体现在就餐的环境中。因此,营造符合人生活观念变化所要求的新的就餐环境,是餐饮室内设计的重要内容。

餐饮空间按照经营类型可分为快餐厅、西餐厅、中餐厅、宴会厅、茶餐厅、酒吧以及火锅餐厅。餐厅的店面及空间的设计与布置,应符合空间诉求,体现流畅、便利、安全等特点。餐厅内部空间布局应包括座席、流通空间、管理空间、辅助空间等。餐厅动线应尽量使餐厅中客人的走道宽敞,服务人员的动线越短越好。设计时应充分利用自然光线,给客人以舒适明亮的感觉。

1. 快餐厅

快餐厅,顾名思义,以"快"为第一准则,一般设置在商业区域、车站、码头这些流动性较强的区域。快餐空间一般装修简洁、色彩明快有个性,在店面、标志、橱窗、灯箱的设计上注重风格的统一性,着重突出店面的特色。快餐空间设计的好坏直接影响到餐厅的服务效率。这种空间的设计一般都在100m²左右,在排列方式上要尽可能节省空间,缩短服务距离,合理安排人员路线。顾客席位多以普通座席和柜台席为主,柜台式席位是国外较流行的,节约时间且方便客人就餐。在有条件的繁华地段,还可设置外卖窗口(图4-1、图4-2)。

图4-1 某肯德基快餐厅　　　　图4-2 某烤肉店室内

2. 西餐厅

西餐厅的设计风格偏向于欧式风格，一般欧式的主题又可以有古典欧式、现代简欧、法式、英式、乡村等多种风格定位，平面布局通常设有散座、卡座和吧台，有的还有包间。空间的平面布局相互连通又各自独立，空间完整而又有层次。空间立面色彩多按西方古典建筑的装饰形式、手法进行处理，通过陈设品来突出餐厅的格调和主题。咖啡厅和西餐厅的设计有些相似，只不过空间相对更小，空间讲求多变，重气氛的营造，空间利用率相对较高。

卡梅利娅餐厅，其位于巴黎文华东方酒店内，餐厅设计以山茶花为主题。"花瓣形"的空间装饰，是本餐厅设计的亮点，白颜色的微妙感觉像是一个巨大的花在绽放。餐厅设计中包含三种色彩，乳白色、卡其色和咖啡色，这是一种温和而中性的色彩搭配，使餐厅设计既优雅永恒又光芒闪耀（图4-3）。

图4-3　卡梅利娅餐厅局部空间效果

3. 中餐厅

中餐厅主要指经营传统的高、中、低档次的中式菜肴和专营地方特色菜系或某种菜式的专业餐厅。在空间布置上，应追求中华文化民俗的精髓，要求整体舒适大方，富有特色，空间具有一定中式传统的文化内涵，且餐厅应功能齐全（图4-4）。

图4-4　某酒店餐厅设计

中餐厅的平面布局一般分为两种类型，一是以皇家建筑空间为代表的对称式布局；二是以中国江南园林民居建筑为代表的布局形式。园林式布局采用园林自由组合的特点，将室内的某一部分结合休息区处理成小桥流水，漏窗与隔扇、靠窗或靠墙的部分采用较为通透的二次分隔，划分出不同的就餐区。为满足顾客的不同需要，这些就餐区的划分还可以通过地面的升起和顶棚的局部降低来达到。餐厅空间给人以室内空间室外化的感觉，犹如置身于花园之中，使人心情舒畅（图4-5）。

图4-5　某中餐厅的空间设计

4. 宴会厅

宴会厅空间一般以举办大型活动、庆典为主，可举行各种规模的宴会、冷餐会、会议、表演、商品展览交流会、音乐酒会等活动，宴席区使用面积在200m²以上，装修豪华。宴会厅空间多采用宫廷式布局，多用严谨的左右对称方式，在轴线的一端常设主宾席和礼仪台。这种布局空间开敞，场面宏大。与这种布局方式相连的装饰风格与细部常采用或简或繁的宫廷作法。

宴会厅通常因节日庆典活动或婚丧宴席的需要而由单位或个人包用。这类餐厅要求空间通透感较强，餐桌和服务通道要宽敞，可设固定或可活动的舞台。宴会厅与一般餐厅不同，空间常分宾主，室内空间常做成对称式的规则格局，造成典雅、隆重的气氛。宴会厅还应考虑能够在宴会前为陆续到来的客人提供聚集、交流、休息和逗留的足够活动空间，设计时应考虑举行仪式和安排宾主席位的需要，面积较大的餐厅或各个餐厅之间常利用灵活隔断，可开可闭，以适应各种规格宴会的不同要求（图4-6、图4-7）。

图4-6　某宴会厅效果图　　　　　　　　图4-7　某宴会厅

5. 商务会所茶餐厅

茶馆文化历史悠久，起源于中国南方，早在唐宋时期中国的茶文化就颇负盛名。品茶是一种艺术，一种享受。茶文化的渊源流长要求茶餐厅设计装修要讲究内涵，这样才能与其相匹配。在茶餐厅的设计装修中，前台是展示茶馆并与顾客沟通的地方，一般设在茶馆的进门处，很多情况下，它可能是顾客对茶馆的第一印象，风格可以是古典的，也可以是颇具现代感的，根据茶馆的装修定位决定。材质一般采用玻璃、木质或结合石材，加上柔和的灯光，对特色茶品进行展示（图4-8、图4-9）。

图4-8　某茶会所空间效果（一）　　　　图4-9　某茶会所空间效果（二）

6. 酒吧

多指娱乐休闲类的酒吧，酒吧有很多类型和风格，其空间一般设置有卡座、高台等，卡座有点类似于包厢，一般分布在大厅的两侧，成半包围结构，里面设有沙发和台几，高台分布在吧台的前面或者四周。

现在比较流行的氧吧、网吧、台球酒吧等均称为主题酒吧。这类酒吧的明显特点即为突出主题，来此消费的客人大部分也是来享受酒吧提供的特色服务，而酒水却往往排在次要的位置。其次是多功能酒吧，多功能酒吧大多设置于综合娱乐场所，它不仅能为客人提供用餐、酒水服务，还能为赏乐、蹦迪、练歌、健身等有不同需求的客人提供齐备的服务。这一类酒吧综合了酒吧、酒廊、服务酒吧的基本特点和服务职能（图4-10、图4-11）。

图4-10 某酒吧效果图

图4-11 某解构主义小清吧

7. 火锅餐厅

火锅餐厅由于其独特的定位,现已风行全国各地,常采用电磁炉。每张餐桌上方应设置抽油烟气罩,通过装饰处理加以美化,采用燃气的应处理好存放气罐、管道设备和餐桌的关系。火锅餐厅按装修风格分,有现代风格与传统风格。现代风格的火锅餐厅从功能、材质、家具陈设、座席方式、灯光等设计都与传统风格的火锅餐厅有很大的区别。现代风格的火锅餐厅一般从门头的设计开始,到接待台、大厅、卡座、包间等用材和色彩等都体现出现代人的审美需求;而传统风格的火锅餐厅则采用传统的材料、家具,色彩古朴稳重(图4-12)。

图4-12 火锅餐厅

4.2 餐饮空间的总体环境与主要功能设计

餐饮空间按就餐人员比例分配空间,餐厅的入口处设计应宽敞、明亮,避免人流拥挤、阻塞。大型的、级别较高的餐厅还应给客人设等候席,入口通道附近应设收银柜台或接待台。如图4-13所示为餐厅功能的分析。

餐厅的总体布局是通过使用空间、交通空间、工作空间等分区的完美组织所共同创造的一个整体。作为一个整体,餐厅的空间设计首先必须符合接待顾客和供顾客方便用餐这一基本要求,同时还要追求更高的空间审美和艺术价值。餐厅内部设计首先由其面积决定。由于现代都市人口密集，因此需对空间作有效的利用。从投资的角度分析，第一考虑的就是合理、有效地利用空间。餐厅内场地太挤与太宽都不合适。秩序设计是餐厅平面设计的一个重要因素。

根据餐厅规模大小，一般设有迎宾台、门厅休息处、散座、包间、收款台与酒水吧台，有的餐厅还设有舞台等。在以便餐为主的餐厅可设明档、柜台席。由于餐厅特色不一、食品烹调方式不同，厨房可根据具体情况决定是否向就餐区域敞开。另外，服务台的位置应根据客席布局而定，大多服务台的位置处于门厅或入口左侧，且宜面向大多数客席。

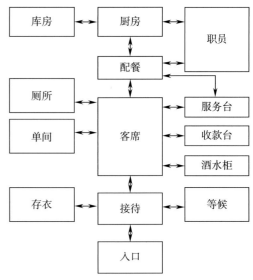

图4-13　餐厅功能的分析

餐饮空间的主要空间有四种分区：顾客空间、管理空间、调理用空间与辅助空间。

顾客空间包括迎宾接待区、休息等候区、就餐区、洗手间等；管理空间包括入口处服务台、办公室、服务人员休息室、仓库等；调理用空间包括配餐间、主厨房、辅厨房、冷藏间等；辅助空间包括接待、走廊、洗手间等。在设计时要注意各空间面积的具体要求，并考察顾客与工作人员流动路线的简捷性，尽量避免流线交叉，同时也要注意消防等安全设施的安排，以求得各空间合理组合，高效率利用空间。

餐厅的餐桌数量、尺寸根据客人对象而定，一般来说以零散客人为主的宜用4~6人椅、方形桌；以团体客人为主的可设置8~12人椅、圆形桌。

用餐设备的空间配置，除了对店内空间设计做最经济有效的利用外，店内用餐设备的合理配置也很重要。诸如餐桌、椅以及备餐柜、架等，它们的大小或形状虽各不相同，但应有一定的比例标准，以求得均衡与相称，同时各种设置相互之间各有关联，应合理布置，以方便使用，能有助于提供周到的服务。

具体来说，用餐设备的空间配置主要包括餐桌、餐椅的尺寸大小设计及根据餐厅面积大小对餐桌的合理安排。餐桌可分西餐桌和中餐桌。西餐桌以长条形的居多；中餐桌一般为圆形和正方形，又以圆形餐桌居多。一些较高级的西式餐厅也有采用圆形餐桌的。如果餐厅空间面积允许，宜多采用圆形桌，因为圆形桌比方形桌更富亲切感。现在很多餐厅里也用长方形桌作普通的中餐桌。餐桌并不限定是方形或圆形，以能随营业内容与客人的人数增减机动应用为佳。现普遍都采用方形桌或长方形桌，方形桌的好处是可在供餐的时间内随时合并成大餐桌，以接待没有订座的大群客人。餐桌的就餐人数依餐桌面积的不同而不同，餐桌的大小要和就餐形式相适应。

餐厅设计时，根据餐厅的定位决定餐桌椅的选择。如定位在大众餐厅的设计，由于人们并不会经常去餐厅享用大餐，多数还是普通用餐，所以应以小型桌为主，供4~6人用餐的桌子刚好符合现代中国家庭的要求。而快餐厅可以多设置一些单人餐桌，这样，就餐者不必经历那种和不相识的人面对面坐、互看进餐的尴尬局面。大型的中餐桌往往是供群体就餐而设置的。对于中餐馆来说，营业利润并不是依靠就餐人数，而是依靠消费水平。为了能使餐馆的利润提高，包厢或包间就是一种好的形式。餐桌的大小也会影响到餐厅的容量，影响餐具的摆设，所以决定桌子的大小时，除了符合餐厅面积并确定最能有效使用的尺寸外，也应考虑到客人的舒适度以及服务人员的工作方便与否。桌面不宜过宽，以免占用餐厅过多的空间面积。座位的空间配置上，在柱子或角落处，可单方靠墙设三人座，也可变成面对面或并列的双人座。餐桌椅的配置应考虑根据餐厅面积的大小与客人餐饮性质的需要，保证随时能够进行适当的调整。

中式茶餐厅，在设计上可以有些不同的空间处理特点：

首先，中式茶餐厅的散座应该设在一个比较宽敞的空间，应视空间的大小放置合乎比例的桌椅，每一桌有4~6张椅子。散台区的设计原则是舒适、宽松。餐桌与餐桌之间的距离为1.2~1.5m，方便顾客出入自由。根据平面大小、形状因地制宜设计散台。散台为保证相对的私密性，可以每桌之间放置竹帘、纱幔或屏风，营造出包间的感觉。

其次，中式茶餐厅可在适宜位置设置舞台供茶艺表演。一架古筝，二三茶桌，四五把好壶，以诠释中国古典文化的韵味。如果散台区空间宽阔，除了放置桌椅，还可以考虑小而精致的景观布置。小桥流水，曲水流觞，大树游鱼，于方寸间展示自然景观。一般中式茶餐厅的茶台为4人方台或是6~8人的圆台或长台，也有些是两人台的，只是相对较少。部分中式茶餐厅设有厢座又称"卡位"，"卡位"一词源自火车的座位形式。由于卡位可以形成相对私密的空间，所以深受顾客欢迎。

茶厅与包厢的设计原则是体现舒适、精致和品味。相对包厢而言，茶厅在茶餐厅中属于一个半开放式的空间，布置要比散台讲究一些。中式茶餐厅中有四种包厢风格：中式风格、休闲风格、日式风格和综合型风格。中式传统风格中可配置精雕细刻的古典家具、雕花门窗、隔扇、古典丝绸甚至是刺绣的靠垫、抱枕，具有传统文化特色。总体来看，中式茶餐厅的设计应遵循精美、舒适至上的装修原则，各种风格协调搭配在一起，可以尽显创意之趣。

4.3 餐饮空间的附属功能空间设计

餐饮附属空间部分主要由厨房、各类库房、办公用房、工作人员更衣处、厕所等组成，应根据不同等级饮食建筑的实际需要，选择设置。一般规定饮食建筑应设置冷藏设施。各类库房天然采光时，窗洞口面积不宜小于地面面积的1/10。自然通风时，通风开口面积不应小于地面面积的1/20。员工更衣处男女分设，全部工作人员每人一格更衣柜。

4.3.1 公用卫生间设计

公用卫生间位置应隐蔽，其前室入口不应靠近餐厅或与餐厅相对。厕所宜采用水箱或脚踏水冲式。所有水龙头不宜采用手动式开关，应优先考虑感应式龙头。厕所应按全部工作人员最大班人数设置，30人以下者可设一处，超过30人者男女应分设，并均为水冲式厕所。男厕每50人设一个大便器和一个小便器，女厕每25人设一个大便器，男女厕所的前室各设一个洗手盆，厕所前室门不应朝向各加工间和餐厅。

4.3.2 厨房设计

厨房的用途及流程设计在餐馆、酒店设计中极为重要。一个理想的厨房设计不但可以让厨师与相关部门人员密切配合，并且为制作美味佳肴提供了良好舒心的环境。顾客也因此能得到更好的服务，从而不断提高顾客回头率。

厨房设计一般应包括加工间、制作间、备餐间、库房及厨工服务用房等功能用房。厨房的位置应与餐厅联系方便，各加工间均应处理好通风与排气，并避免厨房的噪声、油烟、气味及食品储运对公共区和客人就餐区造成干扰。厨房的排水管道应通畅，并便于清扫及疏通，下水排放需装隔油装置，排放烟气需达到相关检测标准，排放出口噪声需达到相关标准。厨房内应按工作人员更衣、原料处理、主食加工、副食加工、餐具洗涤消毒存放的工艺流程合理布置。

厨房面积的确定往往和菜系定位、用餐人数等相关，菜系定位一般包含家常菜、粤菜、川菜、湘菜、东北菜、淮扬菜、上海菜等，也可综合。相关部门规定要求中餐厅的厨房与饭厅比例为1:1，最小不小于4:6。厨房的室内净高不应低于3m。加工间的工作台边（或设备边）之间的净距：单面操作，无人通行时不应小于0.70m，有人通行时不应小于1.20m；双面操作，无人通行时不应小于1.20m，有人通行时不应小于1.50m。

厨房各加工间室内构造应符合下列规定：

1）地面均应采用耐磨、不渗水、耐腐蚀、防滑、易清洗、浅色的材料，并应处理好地面排水。地面应易于清洗，并应有一定的排水坡度（不小于1.5%）及排水系统。排水的流向应由高处清洁操作区流向低处清洁操作区，并有防止污水逆流的设计。

2）墙壁应采用无毒、无异味、不透水、平滑、不易积垢的浅色材料构筑。其墙角及柱角（墙壁与墙壁间、墙壁及柱与地面间、墙壁及柱与顶棚）间宜有一定的弧度（曲率半径在3cm以上），以防止积垢和便于清洗。

3）粗加工、切配、餐用具清洗消毒和烹调等需经常冲洗的场所、易潮湿场所应有由1.5m以上的光滑、不吸水、耐用和易清洗的材料（例如瓷砖、合金材料等）制成的墙裙，各类专间应铺设到墙顶。

4）食品处理区的顶棚板应选用无毒、无异味、不吸水、表面光洁、耐腐蚀、耐温、浅色材料涂覆或装修，烹调场所顶棚板离地面宜在2.5m以上。

4.4 餐饮空间常用设计规范与一般规定

按照餐饮空间的规模大小分，一般100m^2以内为小型餐厅，这类空间功能比较简单，主要着重于室内气氛的营造，100~500m^2为中型餐厅，500m^2以上为大型餐厅。

餐厅设计常用尺寸参数主要有如下几个方面：餐厅的面积指标一般以1.3~1.8m^2/座计算，高档餐厅为2.0m^2/座，指标过小会造成拥挤，指标过宽，会增加工作人员的劳作活动时间。100座及100座以上餐馆，中餐厅与厨房（包括辅助部分）的面积比（简称餐厨比）应符合下列规定：餐馆的餐厨面积比宜为1：1。餐厨比可根据饮食建筑的级别、规模、经营品种、原料储存、加工方式、燃料及各地区特点等不同情况进行适当调整。

就餐区的餐桌间距必须能让服务员服务方便，客人出入方便，餐桌椅的排列既要考虑提高餐厅的使用率，又要考虑宾客入座的舒适度和席间服务的方便性，同时还要讲究排列的艺术效果。

餐厅或饮食厅的室内净高应符合下列规定：

1）小餐厅和小饮食厅不应低于2.60m；设空调者不应低于2.40m。

2）大餐厅和大饮食厅不应低于3.00m。

3）异形顶棚的大餐厅和饮食厅最低处不应低于2.40m。

餐厅餐桌正向布置时，桌边到桌边（或墙面）的净距应符合下列规定：

1）仅就餐者通行时，桌边到桌边的净距不应小于1.35m；桌边到内墙面的净距不应小于0.90m。

2）有服务员通行时，桌边到桌边的净距不应小于1.80m；桌边到内墙面的净距不应小于1.35m。

3）有送餐车通行时，桌边到桌边的净距不应小于2.1m。

4）餐桌采用其他形式和布置方式时，可参照以上规定并根据实际需要确定。

4.5 餐饮空间设计的基本尺度要求

餐饮空间设计的基本尺度主要为就餐区餐桌椅的尺寸以及通道的设置。

（1）方桌的尺寸选择。桌子最小宽度为700mm；4人用方桌最小尺寸为900mm×900mm，4人用长方桌尺寸为1200mm×750mm；6人用长方桌（4人面对面坐，每边坐2人，两端各坐1人）尺寸为1500mm×750mm，6人用长方桌（6人面对面坐，每边坐3人）尺寸为1800mm×750mm；8人用长方桌（6人面对面坐，每边坐3人，两端各坐1人）尺寸为2300mm×750mm，8人用长方桌（8人面对面坐，每边坐4人）尺寸为2400mm×750mm。

（2）圆桌的尺寸选择。圆桌最小直径为：1人桌为750mm，2人桌为850mm，4人桌为900mm，6人桌为1200mm，8人桌为1300mm。餐桌高为720mm，桌底下净空为600mm，餐椅高为440~450mm，固定桌和装在地面的转椅桌高为750mm，椅高为500mm，酒吧固定凳高为750mm，吧台高为1050~1150mm（靠服务台一边高为800mm左右），搁脚板高为250mm（图4-14、图4-15）。

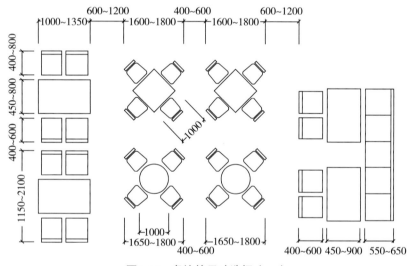

图4-14　桌椅的尺寸选择（一）

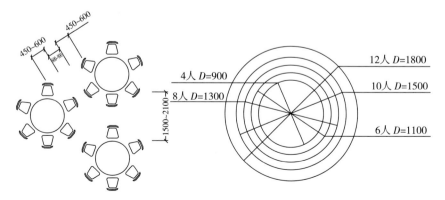

图4-15　桌椅的尺寸选择（二）

4.6 餐饮空间的界面处理方法与设计风格

4.6.1 室内空间界面的处理

餐饮空间的界面设计是整个餐饮空间环境氛围塑造与风格主题表现的重要手段之一。这要求设计者不仅熟悉营造各种风格的手段,且对于空间有很好的理解能力并具有相应的空间艺术造型能力,同时,设计者还必须熟悉各种装饰材料和施工工艺。如图4-16所示为独特的顶棚板波浪造型,空间界面的设计震撼视觉。

图4-16 某餐厅的空间界面处理(一)

1. 立面处理

室内立面的装饰主要是对室内墙体和柱体的装饰以及室内竖向隔断的设计,可以说立面设计是室内装饰最重要的部分。一般而言,墙面颜色属于空间的背景色和环境色,一般以大面积的装饰为主,适当地在局部进行变化。以室内艺术陈设、挂画等点、线、面丰富的结合方式来营造出某种空间的韵律感。常见的材料可以有墙漆、墙纸、木护壁、石材以及瓷砖、镜面等,不同的材质可营造出不同的空间效果(图4-17~图4-19)。

图4-17 某餐厅的空间界面处理(二)

2. 地面

餐饮空间地面的设计首先要考虑其使用的要求,所选材料要坚固耐用,保证其使用的可靠性,同时还要具备防滑、易清洁等特点。装饰材料不同,其装饰效果也就不同,例如实木地板具备一定的弹性,自然纹理质朴,依本质的肌理颜色深浅或清新,或雅致,具有很好的质地。地毯的图

图4-18 某音乐餐厅采用的隔断处理

图4-19 张家界鱼来哒时尚餐厅

案以及色彩选择较多,保温性好,脚感柔软舒适。石材坚硬、沉稳、品质感较好。瓷质地面花色丰富,利于保洁等。根据这些差别,设计者恰当地加以运用,可以表现出餐饮空间的独特魅力。

地面装饰要呼应其他各个界面的风格,以增强整体空间的吸引力。地面装饰可以用不同的材质拼贴平面的花纹,花纹上的变化既起到引导流线的作用,又可以在视觉上划分范围。但要特别注意的是,不同材质界面交接的地方要尽可能地保持水平一致,以免绊倒行人。地面也可以用高差的变化来丰富室内空间。抬高或降低局部地面,可以起到强调、暗示、聚拢或隐藏等效果(图4-20、图4-21)。

图4-20 某餐厅的地面,分区选材设计形成的视觉中心

图4-21 某餐厅的地面,选材设计不同形成不同的领域感

3. 顶棚

餐饮空间顶棚的装饰常受到室内空间高度的限制，大中型的餐饮空间顶棚会有复杂的通风、照明、消防、监控、音响等设备管道。顶棚设计要综合考虑建筑梁构的处理，灯具和装饰物的安装位置，协调建筑结构、装饰面层与设备的关系。大部分店面顶棚的装饰一般比较简洁，多采用较大面积的平整或叠级顶棚，现在也有些主题餐厅直接裸露顶棚梁构以及设备管线，然后统一进行喷色处理。不管采用哪种结构形式，顶棚的设计与空间的布局、地面的设计宜相呼应，使餐饮空间形成完整的空间印象。

顶棚装饰的重点还包括灯具。灯具造型要符合装饰风格的需要，顶棚灯具的选择和安置不仅要根据造型来设置，也要考虑室内灯光设计参数与餐厅照度要求，尽量达到功能和形式的完美结合。除了灯具，顶棚的装饰还可以依靠材质和高度不同的垂吊装饰物来增加趣味或划分空间，如从顶棚垂吊珠帘，形成灵活的隔断（图4-22~图4-25）。

图4-22　某餐厅的顶部设计，营造一种不拘一格的艺术性

图4-23　某宴会餐厅包厢设计

图4-24　餐厅墙面与顶棚巧妙结合

图4-25　裸露顶部的设计处理

4.6.2　餐饮空间的设计风格

餐厅装修风格是餐饮品牌无形的精神符号。优质的餐厅设计，能有效与消费者沟通，甚至同化消费者的心灵空间，低成本而高效地让消费者对品牌产生深度认知。餐饮空间风格的设计是根据餐厅经营模

式与餐饮主题确定的，如中餐厅多采用新中式风格，泰式餐厅一般采用泰式风格、东南亚风格，西餐厅采用传统欧式、法式乡村风格等，但无论使用何种设计风格，各个界面风格要统一，在同一个空间中，出现两种风格或多种风格混搭时，需把握好风格之间的对比和协调的关系，否则会显得不伦不类。

主题餐厅的出现，迎合了顾客日益变化的餐饮消费需求，它以定制化、个性化、特色化的产品和服务来感动诸多用餐者。与一般餐厅相比，主题餐厅往往针对特定的消费群体，不单提供饮食，还提供以某种特别文化为主题的服务，营造出一种特殊的气氛，让顾客在某种情景体验中找到进餐的全新感觉（图4-26）。

图4-26　风格迥异的主题餐厅

地域差异化是主题餐厅受到热宠的原因，主题餐厅本来是盛行于欧美国家的，与一般餐厅相比，主题餐厅给人印象深刻的是它的用餐环境。它为顾客营造出一种或温馨，或神秘，或怀旧，或热烈的气氛，主题纷呈千姿百态，前来就餐的顾客既可以品尝到美味佳肴，同时又能体会到某种文化氛围，顾客很容易就与餐厅主题产

图4-27　某后现代风餐厅

生共鸣。餐厅形式的与众不同使主题餐厅与一般餐厅区别开来，这样就能有效避开与一般餐厅的正面竞争，以己之长比其短，优势肯定很明显。

图4-27所示餐厅，其属于后现代装饰风格，设计元素囊括粗野主义的钢筋、混凝土，乡村自然风格的红砖墙与绿植，雅皮士的精致陈设等，营造一种浪漫、另类的就餐空间。

图4-28所示为西餐厅立面设计，其以现代轻奢风格为主题，大部分的墙面留白处理，用清新的建筑水彩画做墙画提升空间的文艺气质、竖向隔断黄铜的质感既精致又时尚。其他餐饮空间设计见图4-29~图4-31。

图4-28　某西餐厅的空间立面处理方法

图4-29　众御港粤菜餐厅的多元混搭设计　　　图4-30　长沙某餐厅大厅设计

图4-31　大片的黑色界面加上古典的欧式元素，有种另类的奢华，具有艺术酒店的独特魅力

主题餐厅在设计上也有采用某些具象设计的手法进行创意表现的，餐厅在环境上围绕着某一具体的实物或场景进行装修装饰，营造出一种特殊的气氛，让顾客在某种情景体验中找到进餐的全新感觉（图4-32、图4-33）。如珠江新城茶餐厅沙面岛上建了个"火车站"，珠江新城江畔则"停泊"着一艘豪华游轮，这就是来自马来西亚的"船餐厅"，这家餐厅采用的是仿真豪华游轮装修，作为"船驾驶室"的一楼，是一个可供上百人聚餐的大厅，服务员全是清一色的水手打扮，大厅的台布都统一使用蓝白两种颜色，椅子的靠背也刻有船舵的图案，再加上别致的驾驶台和船舵、救生圈、油灯、指南针等出航用具，看起来就像是一只正待出航的游船。

图4-32　某以海洋为主题的餐厅（一）

图4-33　某以海洋为主题的餐厅（二）

4.7 餐饮空间课程设计实训任务书

（1）项目内容：××餐厅室内装饰设计。

（2）实训目的：

1）掌握依据餐饮空间的服务类型、顾客的数量、所需的设备等因素进行设计分析与设计定位的方法。

2）掌握餐饮空间空间组织以及流线设计。

3）掌握餐饮空间各部分面积分配以及各部分之间尺度及比例。

4）依据餐饮的精神取向和文化品位定位，以及客户及行业的要求，融入设计师的理念进行设计创作。

（3）实训要求：

1）熟悉餐饮空间的设计程序，掌握餐饮空间的设计原则和理念。

2）对餐饮空间的功能划分、精神取向和文化品位定位有一定的认知。

3）培养与客户交流沟通的能力及与项目组同事的团队协作精神。

4）设计中注重发挥自主创新意识。

5）在训练中发现问题及时咨询实训指导老师。

6）训练过程中注重自我总结与评价，以严谨的工作作风对待实训。

（4）实训成果：设计成果以文本或展板的方式表达，要求学生将完成的方案草图、效果图、方案平面图等设计成果，经排版整理后以A3图册文本的方式装裱或以A0~A1展板展示。成果内容包含本案设计方案平面图、设计定位说明、主要空间设计的效果图、主题配色构思、材质选型方案等。

4.8 餐饮空间课程设计实训过程指导

4.8.1 方案设计前期准备

1. 与客户前期的沟通

本阶段要求各项目组与客户进行前期沟通，沟通中要掌握的信息主要有：

（1）客户的经营定位、投资数额及文化定位。设计构思方案必须要与餐厅业主、有关部门的管理人员、施工人员之间就功能、形式、使用、经济、材料、技术等问题进行讨论，征求意见，调整、完善设计内容。如功能需求与实际空间的矛盾问题，各部门使用之间的协调问题，成本投入与经营回报问题，材料技术与设计效果问题等。

（2）确定餐饮空间的服务类型、顾客的数量、所需的设备和所针对的消费群的特性。

2. 实地勘查现场情况

本阶段要求各项目组对餐厅选址进行实地勘查，勘查的内容包括选址的建筑构造和周边环境两个方面，并将实地勘查的情况客观详细地记录于原始建筑图中。

4.8.2　方案的设计分析与定位

本阶段要求各项目组将方案设计前期准备所收集的信息进行列表分析，并抓住主要信息作为设计定位依据，根据餐厅的经营定位、投资情况及文化定位，结合主要竞争对手的文化定位与经营定位确立主要装饰主题。结合服务类型、顾客的数量、所需的设备和所针对的消费群的特性，结合场所实际情况的分析确立空间功能划分。

4.8.3　方案的设计

本阶段要求各项目组将设计风格与理念定位贯穿于方案设计之中，初步确定解决技术问题的方案。

（1）根据本项目的设计分析与定位确定其设计的风格、功能关系与平面布局方式。在进行餐饮空间设计时明确设计是以人为中心的。根据餐饮空间功能区域的相互关系，解决功能区之间的相互关联、过渡和协调呼应的关系。按照定位的要求，进行系统的、有目的的设计切入，从总体计划、构思，到决策、实施，都需设计者发挥创造能力。从空间形象展开构思，确定空间形状、大小、形式、组合方式与整体环境的关系。利用各种设计资源，从各个角度寻找构思灵感，利用各种技术手段完善设计构思。安排客流动线、传菜动线和服务流线，考虑各种线路、各种管道的位置与功能，运用不同材料的特点与装饰效果，以及装修风格、色彩效果、材料的质地等。

（2）方案草图设计。本阶段要求各项目组将设计方案以方案草图的形式表现出来：

1）以功能分区图表现空间划分。
2）以人流活动流线图表现空间组合序列。
3）以透视图形式表现空间形态。
4）做好色彩配置方案。

4.8.4　方案设计效果的表达

本阶段要求各项目组在方案草图的基础上将方案完整地用效果图的形式表现出来，并利用口头和文字两种方式表述方案设计思维，绘制空间效果图，要注意透视方向及角度的选择与绘制，注意方案空间感、光影关系的表达、色彩的处理、质感的表现以及饰品、植物的表现（图4-34~图4-57）。

图4-34 餐饮空间设计学生作业（一） 磨梦轮、指导老师：张淑娥

图4-35 餐饮空间设计学生作业（二） 朱晓琳、指导老师：张淑娥

图4-36~图4-57为餐饮空间设计方案文本展示。

图4-36

图4-37

图4-38

湖南　　　　　　湘潭　　　　　万达广场商业街

本工程为湘潭市万达商业街2栋1-3号门面一楼，东面、南面临街；周边人口密度较大，多住宅区，建筑层高4.5米，总建筑面积约690㎡。

图 4-39

对象分析

本方案为西餐厅设计，总建筑面积约690㎡，建筑层高4.5m，整体户型比较方正，旺铺较多，客户主要位于东面、南面临街。餐饮空间设计除了应满足民众普用餐点和享受服务的这一基本功能之外，还应该满足为顾客提供沟通、交流、放松、赋玉等空间的功能。因此，餐饮空间设计也要具有一定的休闲放松性质。在设计上，考虑设计成较暗的色调，然后搭配灯光，让光线照到餐厅的各个角落，营造出宁静浪漫的氛围。

图 4-40

02 构思分析　元素分析　设计概念分析
Conceptual analysis
The view is dreamlike as the squirrel leaps over branches and branches, his life full of tolerance and indifference; the bird recites a poetic joy.

图 4-41

元素分析

本项目拟采用LOFT工业风，以"枫叶"为主题，体现人性化、实用性、艺术性理念，在设计中采用了的"枫叶"、"树枝"等做出了元素演变，从而运用到餐厅的设计中，体现出浪漫的情调。

在色彩上，考虑设计成较暗的色调，然后搭配好灯光，让光线照到就餐的各个角落，营造出宁静浪漫的氛围。

图4-42

设计概念分析

概念演变：
1、提取枫叶的明形状，运用到吊顶的设计中。
2、从树枝的直观形态进行变相重组最终运用到造型饰面板。
3、从落叶中提取黄色进行颜色演变，运用到设计中。
4、从落叶中提取红色进行颜色演变，运用到设计中。

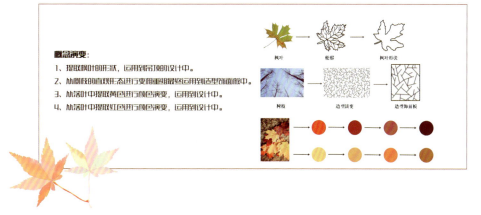

图4-43

设计概念分析

风格分析：LOFT工业风

Loft是一种建筑空间的理念。始于19世纪的工厂隔间。多以黑白灰做搭配，黑、白色两者混搭交错。创造出更多层次的变化。其特色在于空间具有流动性"开创性、通透性，艺术性等：90年代后期，成为一种全球艺术的时尚空间。粗糙柱壁、灰暗水泥地面及裸露的结构在空间里试度混搭原木家具及织品增加暖度，不刻意隐藏各种水电管线。而是透过位置的安排以及颜色的配合"将它化为室内的视觉元素之一。

图4-44

图4-45

图4-46

图4-47

图4-48

图4-49

图4-50

图4-51

图4-52

04 物料分析
Material Analysis 物料分析 软装搭配

The view is dreamlike as the squirrel leaps over branches and branches, his life full of tolerance and indifference; the bird recites a poetic joy.

图4-53

图4-54

图4-55

图4-56

软装搭配

图4-57

第5章　专业购物空间设计

5.1　商业购物空间的含义与分类

商业购物空间是商业类空间的一部分，商业购物空间泛指为人们日常购物活动提供的各种空间场所，其中最有代表性的为各类商场、专营商店，它们是商品生产者和消费者之间的桥梁和纽带。在我国，传统的商业模式大部分是商品经过各种各样的商场流入顾客手中，电子商务的兴起给传统商业带来很大的冲击，所以实体店购物空间应更多地符合消费需求，注重购物体验，使得商品"物美价廉"，让购物行为变得便捷、舒适、愉快。

商业购物空间设计在室内环境艺术设计层面上是对消费主体的分析、定位及相应程度的空间美化，结合商业空间的类型和商品的特点及环境因素，创造出使消费者流连忘返的特色购物空间。

按经营品类、经营特点以及组织方式分类，购物空间大致分为百货商店、购物中心、仓储式超市、专业商店等类别。以下针对四类主要的商业购物空间来进行讲解。

1. 百货商店（大中型综合商店）

百货商店一般是只有一家管理集团总体组织管理，以零售为主，商品多、品种杂，以分类出售为主的大规模商店。它不仅为顾客提供丰富的商品，还为顾客尽可能长时间逗留提供各种服务、娱乐空间和休闲设施，如中庭花园、餐厅和咖啡厅等休闲娱乐空间（图5-1、图5-2）。

图5-1　某百货商场内景（一）

图5-2　某百货商场内景（二）

2. 超市、仓储式商店

仓销即货仓式销售，是指从最短的渠道大批量购入商品，并把商品的销售场地与储存仓库合二为一，以开放的形式供购货方选择。这类商店的主流是各种形式的自选市场，常称"超市"。它们在室内装饰方面相对简单，要把握的是空间的整体功能、路线的安排，布局简洁明快，注意企业文化及品牌形象，即注意商业环境中企业的标示图案和色彩装饰设计（图5-3）。

图5-3　某购物场所内景

3. 购物中心（商业中心）

购物中心的经营特点是能够使顾客在核心商场和周围的同类专业商店之间对同类或同种商品进行比较和选择，商品根据建筑面积、楼层经营品类的特点部位分类。它的最大特点是设有大量的休闲、餐饮等其他空间与购物空间配套（图5-4）。

图5-4　某购物中心效果

4. 专业商店

专业商店品种最为多样，它是构成综合百货商场、商业中心、专业市场的商业销售单元，形式多样。专业商场营销方式取向有高档化、时尚流行化、品牌化（加盟经营和连锁经营）、特色化、多样组合化等。其装饰设计也是最为活跃和多样性的，有吸取中西传统文化或地域特色的风格，有追求流行时尚的，也有庄重大方的、典雅优美的，有高技派的，有怪诞的，也有简洁明快的等（图5-5）。

图5-5　某乐器专业购物空间设计

5.2　专业购物空间的基本概念

专业购物空间又称专卖店、专营店，其经营的品类比较专业与单一。根据所销售的商品种类来看，常见的专业购物空间有服装专业购物空间、家电专业购物空间、家具专业购物空间、建材专业购物空间、珠宝首饰专业购物空间、食品专业购物空间、文具专业购物空间等。专业购物商店往往面积不大，通常为几十平方米到几百平方米，少数会有上千平方米的。

专业购物空间是一个特定的主题空间，这个空间中的各种展具、装饰品将其划分成若干个小空间，进入店内的消费人群按照某种空间预期规律在各空间内流动。对专业购物空间进行设计时，首先要对顾客人流规律进行分析，因为对人流引导的合理性直接关系到专业购物空间的人气和销售业绩。

5.3　专业购物空间的交通流线设计

5.3.1　影响专业购物空间交通流线的因素

1. 周边的交通状况

专业购物空间内人流方向以及入店的各方向的人流大小会受到附近交通情况的影响。在做专业购物空间项目设计前，要对周围环境中的主次车流和人流方向做调查分析，形成调查报告。如沿街的专业购物空间与大型购物商场内部的"店中店"的人流情况就有所不同。一般而言，店铺入口应面向来往人流最多的路段，选择视野开阔、可视性强的角度。

2. 建筑格局

专业购物空间的交通流线会受到建筑原有状况的影响。如一些专业购物空间内的墙体、柱体会影响和限制入口、橱窗的设置以及店内的布置，影响店内人流通道的格局。另外，采光位置、层高的不同都应该是设计师在做流线设计时需要考虑的因素。

3. 室内布置

店内不同的空间组合格局会形成不同的人流路线，这将在后面章节作比较详细的介绍。

5.3.2　专业购物空间交通流线的特点

1. 流畅和便捷

流畅和便捷可以说是专业购物空间交通最明显的特点。首先，专业购物空间的出入口要引导顾客顺畅、自由地进入卖场，店内的通道要引导顾客合理有序地流动，便于顾客尽可能多地对商品进行欣赏和选购。其次，店内通道的设置要方便营业人员的服务。另外，专业购物空间的交通设置要满足消防疏散的要求。人流流线要尽量避免动线死角和单向折返的产生，通道的宽度也要符合设计规范的要求，不能过于窄小幽闭，影响顾客的通行。

2. 组合和重叠

专业购物空间交通流线是主次通道的结合，同时也可能是垂直交通和水平交通的结合。有时顾客的动线和服务动线会产生相互重叠，影响流线的顺畅。

5.3.3 专业购物空间室内交通的流线设计

对专业购物空间室内交通流线进行分析和设计，实际上就是对店内动线进行分析和设计。人在室内移动的点连接起来就是室内动线，室内的出入口位置、各种展具的组织和放置方式以及室内空间的划分形式决定了顾客动线、服务动线的形式，其中顾客动线的设计尤为重要，它影响和决定了服务动线。常见的顾客动线形式有直线式、曲线式、自由式。

（1）直线式。展示商品之间呈垂直或水平放置，常采用标准化的货柜和货架，这种形式虽然简洁、规范，但是却容易使卖场显得过于冷清和单调，缺乏变化。直线式包括"井"字形、"一"字形等（图5-6）。

（2）曲线式。专业购物空间内的展具布置呈圆形、圆弧形、曲线形放置，体现出活泼、独特的展示效果。人在店内流线由展柜布置引导成曲线（图5-7）。

图5-6　直线式室内交通流线

图5-7　某购物空间曲线式空间

（3）自由式。室内展具布置比较随意，可以同时结合成直线、曲线等几种方式。有时室内展具占据的空间较小，通行空间较大，顾客进入店内后选购路线比较自由（图5-8）。

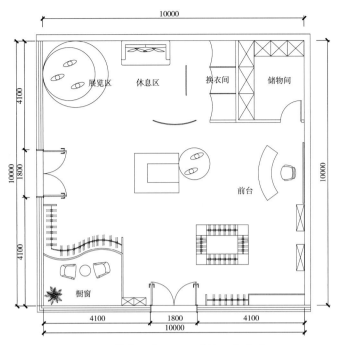

图5-8 某店面布置平面动线呈自由式

专业购物空间平面布局反映室内空间的平面划分情况以及室内展柜布置情况。设计者要充分了解和理解各个组成空间的性质和用途及各部分相互之间的关系,并根据店面经营的特点,有逻辑地进行规划和设计。

5.4 专业购物空间基本要素

专业购物空间室内设计,应当注意以下的设计要素:

(1)动线的设计。商业空间往往是流动的空间,其动线设计包括顾客动线、服务动线以及商品动线。空间与空间之间的连续以及对人流的组织与规划,是现代购物空间的重要环节,也是商场设计能否成功的关键。动线规划可以说是购物环境的最基本要点。

(2)店面与橱窗设计。店面与橱窗是商业环境中最具表现力的部分,它们具有强烈的视觉冲击力。开敞的空间与个性化的橱窗,展示商品的时尚信息,刺激人们的购买欲望,店面设计是购物空间最重要的一部分。店面和橱窗设计也是最有发挥空间的部分,想要吸引顾客进店购物,店面与橱窗的设计一定要有吸引力。

(3)导购标识的设计。导购标识能使识别区域和道路显得简单容易。如果说商场是一部书,导购系统就是书的目录,指引消费者在商业空间内的行为方向。导购系统、标识的设计应简洁、明确、美观,其色彩、材质、字体、图案与整体环境应统一协调,并应与照明设计相结合(图5-9)。

（4）灯光设计。商业空间的灯光设计分为基本照明、特殊照明以及装饰照明设计。基本照明以解决室内照度为主要目的；特殊照明也叫商品照明，是为突出商品特质，吸引顾客注意而设置；装饰照明以装饰空间为主，烘托商业氛围。这三种照明必须合理配置，从视觉上增强商场的空间层次感，从而引发消费者对商品的购买欲望。

图5-9　某商场内专业购物空间店面设计

5.5　专业购物空间营业厅设计

营业厅设计是商业空间的主体，几乎所有的功能与美学考虑都在营业厅的设计中得到体现（图5-10）。

图5-10　某商场内儿童品牌营业区

5.5.1 营业厅的室内设计要点

1）为了加强诱导性和宣传性，营业厅入口外侧应与广告、橱窗、灯光及立面造型统一设计，入口处在建筑构造和设施方面应考虑保温、隔热、防雨、防尘的需要，在入口内侧应根据营业厅的规模设计足够宽的通道与过渡空间。

2）营业厅内应避免顾客主要流向线与货物运输流线交叉混杂，因此，要求营业面积与辅助面积分区明确，顾客通道与辅助通道（货物与内部后台业务）分开设置。

5.5.2 营业厅的空间形式与流线设计

营业厅主要有三种流线：顾客流线、货物流线以及店内工作人员流线。空间布置视其规模大小、复杂程度不一。营业厅流向线设计应注意以下六点：

1）对于三条流向线（顾客、工作人员和货物）的交叉点（如门口、电梯厅等），在避免不了顾客主要流向线与货物路线交叉时，可加宽通道以疏通交叉点处空间，并在使用时间上错开，减少混乱现象。

2）流线组织应使顾客能顺畅地浏览选购商品，主通道和区域性通道应随着柜台的摆放环向贯通，避免死角，并能安全、迅速疏散。

3）横竖主通道的交叉处应避免尖角。如遇不可避免的情况，可通过装饰的处理，形成较为和缓的过渡性空间。

4）水平流向线应通过幅宽的变化、地面材料和图案的运用，与出入口、扶梯、楼梯对应位置关系，区分出主、次、支流。

5）垂直流向线应能迅速地运送和疏散顾客人流，分布要适当，主要扶梯、楼梯及电梯应靠近主出入口。

6）大件商品货物的运输路线应尽量短且方便。

5.5.3 营业厅的柜架陈列方式

营业厅柜架陈列方式包括闭合式、半开敞式、开放式以及综合式。空间布置视其经营的品类、规模大小、复杂程度不一，而各有其不同的特点。

（1）闭合式。闭合式柜架是朝顾客的一面作为商品展示的载体，常结合灯光处理，柜架单体精致、美观，有一定的设计感，适用于化妆品、珠宝首饰、手表和计算机、手机等贵重的、小件的商品销售。

（2）半开敞式。半开敞式是局部相对独立的半开敞式陈列方式。它的开口处临近通道，左右同其他类似的局部开敞式单元相连，围绕营业厅的周边（墙面）布置，形成连续的由局部单元组成的陈列格局，可以摆放不同品种、不同类型的系列商品。

（3）开放式。开放式是目前大量应用的陈列形式。按不同的商品系列和内容，在商业购物空间大厅的中央位置分单元组合陈列。单元之间由环绕的通道划分，设计时应注意单元之间的独特性与单元内部陈列柜架的统一性。柜架高度比较统一，且一般不超过人体水平视线，尺度以易观赏、易拿取为宜，除沿墙外一般不做高柜架，以此保持营业厅的通透度、宽敞感与明快感，在统一中求变化。有时，在一个较大的区域里，几个单元使用同一造型、同一颜色的柜架，同时顶棚与地面也不作较大的色彩与造型变化，而把丰富空间的任务交给商品。利用商品的造型、色彩以及各生产厂家的POP广告、灯箱、标志装扮空间，达到烘托商品、丰富空间的目的。

（4）综合式。综合式是开闭架结合的形式，在现代商业购物空间的设计中也常见。如服饰专业购物空间设计中，成衣展区可以用开架形式，饰品类、领带类、皮具类等商品陈列采用封闭柜架。这种陈列布置方式也可以高低结合，层次丰富。

5.5.4　营业厅的通道

营业厅因为一般情况下面积都不大，所以除了人流交汇的门厅、楼梯口等特殊的过渡性空间之外，一般主通道宽度在2.2~2.5m之间，柜架之间的通道宽度有1.4~1.8m就足够了（特殊商品可超过2m），还有的会更小一些（如高度在1.5m以下的成衣挂放架之间的通道，两个人能侧身就可以了），距离可为1~1.2m。

营业厅通道与柜架布置的基本的组合形式有三种：

（1）直线交叉形。直线交叉形就是指柜架按照营业厅内的梁柱布置方式布置，若干个横竖垂直排布的柜台形成一组基本单元，每个基本单元横竖整齐排放，这种格局的优点是摆放整齐、容量大、方向感强，各级通道的交叉与出入口之间的关系比较容易处理，缺点是呆板、缺少变化（图5-11）。

（2）斜线交叉形。将商品陈列柜架与建筑梁柱布置斜放一定角度（通常45°角居多），使得基本单元、环绕单元之间的通道往往是斜的，但主通道应尽量保持与柱网的垂直与水平，以便于适应建筑的形式和出入口连接。这种布置的优点是整体有较强的韵律感，顾客在主通道上能看到较多的商品；缺点是容量不如第一种大，形成的一些三角空位需要作特殊处理，但是这种三角位恰好可以设计一些独特的展台，成为这一片陈列空间的闪光点，从而为整个空间增色（图5-12）。

图5-11　某书店的直线交叉形通道

（3）弧线形。弧线形设计有两种情况，第一种是建筑本身就是圆形的，梁柱是放射形布置的，柜架及由此组成的单元顺理成章地排列成弧形。主通道视情况应是一条圆弧形的，还可视圆的面积布置一个十字交叉的直线形主通道。它们的单元通道往往是放射直线形，柜与柜之间的支通道是弧线形的。第二种情况是在方形柱网尺寸之间营造一个或多个圆弧形的陈列单元。这样的单元与四周直线形的通道会形成弧线三角形区域，这种区域可被用作特殊展台。弧形布置带来的美感可以在营业厅内营造一种优雅的氛围，它的缺点是框架也必须是弧形的，此外，玻璃的

图5-12　某商场斜线交叉形通道设计

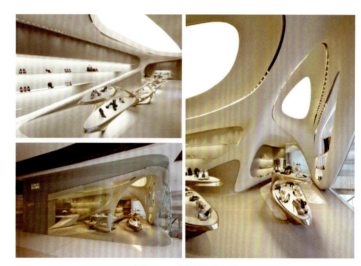

图5-13　弧线形通道

弧形、不锈钢管材的弧形要特制，造价要比直线形的高不少，施工的速度也慢一些（图5-13）。

以上三种通道与陈列单元的摆放形式在很多场合并不是单独出现的，有直线与斜线组合，也有直线与弧线组合，可以根据需要灵活运用。

5.6　商品陈列柜架的设计

商品展示是在特定的空间内运用各种展示设备和展示手法对商品进行有效的宣传，从而达到促销目的的一种销售形式。

商品陈列柜架的设计与基本展示功能的关系最为密切，几乎所有的商品都是通

过不同的展柜、展架、展台来展示的。因此,它的实用性、艺术性都是商场设计的关键一环。专业购物空间中既可以采用规范化的货柜和货架,也可以根据需要自行制作异形展架和展柜。同一卖场中,货架和货柜的造型要基本一致,以形成有序和整齐的展示环境,其色彩不宜过于鲜亮,以免喧宾夺主。

5.6.1 柜架

商业空间柜架设计要点主要有五个方面:

(1)实用性。场内柜架是为摆放陈列商品所设的,首先应该符合商品陈列的尺度。其次,要与人体工程学结合起来设计,便于顾客观看、挑选与存取。

(2)灵活性。场内柜架应能在空间中灵活摆放和组合布置,这是对活动柜架的基本要求。另外,还要使得存放、陈列商品灵活、方便。陈列搁板可以调节高度、距离的五金配件众多,使柜、架具备上述要求成为可能。有的柜架通过滑道的移动,可具有适应一定尺寸幅度内多种商品陈列的特性。此外,柜与柜之间,摆放的组合方式可以有多种选择,可单独放,也可组合放,柜架陈列可方、可直、可弧,以丰富整个卖场内的空间形态。

(3)美观性。在满足基本功能的基础上,通过材料与色彩的不同,搭配、造型的对比组合可设计出独特的柜、架形式。

(4)安全性。这里有两层含义,一是商品的安全,保证价值较为贵重的商品不容易滑落、摔坏,柜、架的结构应能够承受较为大、重的商品。二是柜架使用的安全,如柜、架是不是有尖利的角,柜、架是否稳固,玻璃搁板有没有经过倒角处理等。

(5)经济性。即便是设计档次要求高,有相对充裕的资金投入的装饰工程,也应该注意经济的合理性,绝不能盲目堆砌,造成不必要的浪费。设计师应该做好设计搭配,合理地使用材料,尽量经济合理、事半功倍。

总而言之,要在满足商品陈列功能、存取功能和顾客观赏的前提下,在注意成本支出的情况下,通过美学法则的处理,设计出具有个性的柜架。同时注意商品陈列的方便和顾客行为的安全(图5-14)。

图5-14 某精品店设计

5.6.2 柜台

柜台是闭架销售的基本设备，作用在于展出商品及隔开顾客活动区域和工作人员销售区域。目前常见的柜台有以下三类：

（1）金银首饰品和手表销售柜台。金银首饰品和手表销售类柜台长度一般为1200~2000mm，可单元拼接，高度为760~950mm，宜设计成桌面高度，以便于顾客坐下来仔细挑选和观看。一般都是单层玻璃柜。为确保贵重商品的安全，多采用胶合玻璃，柜台内有照明灯光，且多用特别的点光源，增加商品的清晰度与高贵感。柜台正面设计一般比较考究，柜内放置托盘，便于销售人员拿取（图5-15）。

图5-15 某珠宝柜台设计效果

（2）化妆品销售柜台。化妆品销售柜台一般长度为1000~2000mm，可单元拼接，宽度为500~600mm，高度为750~950mm，一般设计成双层玻璃柜。正面设计较为讲究，多用各色胶板按企业的形象色来装饰表面，同时搭配不锈钢、彩色不锈钢（多为钛金）及名贵实木板，在灯光的配合下显得华贵、浪漫。同一化妆品销售区域内柜台的结构可大致相同。由于各品牌的装饰用色不同，组合在一起使得空间丰富多彩（图5-16）。

图5-16 某商场化妆品区场景

（3）其他小商品经营柜台。这类型柜台其基本结构尺寸与金银首饰手表柜、化妆品柜类似。是采用单层还是双层玻璃搁板要视所经营商品的情况来确定。

上述柜台基本结构类似。设计时要注意两个方面：一是功能方面包括使用是否方便。另一方面，柜台选型可以根据不同品牌、品类在设计上区别对待，使得各自造型有识别性。在材料色彩的搭配、线条造型的选用，特别是柜内照明光源和柜外装饰光的设计方面，都需要反复推敲。

5.6.3 开放陈列柜架

1. 低尺度开放陈列柜架（或中小商品陈列柜架）

在商业空间中间部位的低尺度开放陈列柜架，一般高度不超过人的视线。其可以分为两大类：

（1）按基本结构设计的，可变换位置、灵活摆放的柜架。其中又可再分为陈列存放的专门柜架和陈列日常用品、中小家电产品的通用柜架两类基本形式。

（2）根据商品的特性和区域装饰的需要设计的形式独特的、可移动的异形柜架。

2. 高尺度开放陈列柜架

高尺度开放陈列柜架（以下简称"高柜架"）是指那些高度在人的视线以上的柜架，它也是商业空间的主要商品陈列设备。由于它的尺度相对较大，一般存放及陈列的量也大，常被用来沿墙装饰或结合柱面装饰，也被用来作分割空间的隔断。高尺度陈列柜架既可以设计成开放型的，也可以设计成那些需要封闭式的销售（如金银首饰、手表、化妆品）背柜。在结构的支承方面，既可以依靠墙壁、柱子，也可以独立组合摆放；在材料方面以木材、钢材、铝材、玻璃为多（图5-17）。

根据商品的特性，高尺度开放陈列柜架从地面算起至600mm高度可做成商品展台；600~1500mm高度为最佳陈列空间区域，手拿及近距离观看最方便；1500~2200mm高度为一般陈列区域，这一区域手拿有所不便，但陈列效果在中远距离范围内观看比较明显，这一区域要结合商品的特点进行考虑，以便于把这一空间的潜力更好地发挥出来；2200mm以上的高度一般都安放商品的广告灯箱，以宣传商品品牌（图5-18、图5-19）。

图5-17 某商业空间的开放式柜架场景

图5-18 某店面的沿墙开放式柜架

图5-19 某店面的柜架布局

5.6.4 收银台

收银台即具备收银结账功能的柜台，根据店的规模大小又可以兼具服务柜台的功能。有的店铺内的收银区只是一个服务柜台，一些面积比较大、商品档次比较高的专业购物空间内的收银柜台会设置收银机，这类型的收银服务台会考虑结合企业背景墙一起设计。收银台的高度一般为800~1000mm，至少宽600mm。收银台的色调、风格、材质要与其他的展示柜相呼应，使整个店内氛围和谐。

5.7 专业购物空间店面设计

专业购物空间店面设计的内容包括入口门面、橱窗以及用于宣传的广告灯箱的设计。

5.7.1 专业购物空间的门面和橱窗

专业购物空间的门面和橱窗给人的第一印象就如同整个店铺的脸面。当消费者从店外经过时，橱窗和入口直接反映了品牌的风格、档次、新产品的信息，并紧密地联系室内和室外空间。橱窗和入口的装饰设计主要通过形式、颜色、材质、灯光和主题的不同组合方式来实现（图5-20）。

图5-20　专业品牌空间的店面空间

1. 入口和橱窗的空间设计手法

入口和橱窗常见的组合形式有三种情况：入口与橱窗平行；橱窗凸出，入口凹进；不同楼层橱窗连成整体。

入口的装饰手法很多，概括起来有如下三种。

（1）强调入口的空间感。使用外凸、内凹或者结合门廊等方式，让入口形成一个室内和室外过渡的"灰空间"（图5-21）。

（2）入口与装饰小品的结合。在入口处设置标牌，放置雕塑小品、植物等，将店内装饰氛围延伸至店外，使入口造型更为丰富。

（3）对入口细节的装饰。通过对门框、门把手、门头、雨篷等入口细节的装饰，提高店面的个性化和可识别性（图5-22）。

图5-21 入口的空间感

图5-22 入口装饰细节

2. 橱窗的主要形式

橱窗的主要形式包括开放式、半封闭式和封闭式三种。

（1）开放式。开放式橱窗没有背墙，橱窗空间能够与店内营业空间比较自然地融为一体，顾客可以通过橱窗玻璃看到店内的情况。这种形式的橱窗亲和力强、节约空间、操作灵活简便，但设计要求比较高，处理不当就容易造成层次不分明、重点不突出的情况。设计过程中，一般利用灯光、道具进行强调（图5-23）。

图5-23 开放式橱窗

（2）半封闭式。半封闭式橱窗的后背有部分遮挡，但遮挡比较通透，店外顾客仍然可以通过橱窗玻璃观察到店内情况。半封闭式橱窗使专业购物空间的空间层次展示更为丰富，装饰手法更为多样（图5-24）。

（3）封闭式。封闭式的橱窗后部有隔板将橱窗空间和专业购物空间内部空间完全分隔开。这种形式的橱窗可以营造一个完整和独立的橱窗氛围，不受室内环境的影响（图5-25）。

3. 橱窗的陈列装饰

橱窗陈列千变万化，目的都是为了更好地展现商品的特色、营造品牌文化、构建特有的氛围。橱窗陈列以装饰性为主，各种橱窗陈列主题归纳起来有以下几类：

（1）时间：以时间为主题进行陈列，通常以季节、节日等为主。这是服饰专业购物空间的橱窗最常见的陈列方式，一般在该时间到来之前就进行相关商品的布置，以提前促销。此外，橱窗内常会以象征季节或节日的颜色为主色调，并用特征显著的饰品进行点缀。

图5-24　半封闭式橱窗

图5-25　封闭式橱窗

（2）事件：橱窗陈列主题应及时地反映出最近发生的重大事件，例如体育盛会、娱乐事件等。这种主题的橱窗会用一些事件中的标志、数字、色彩等来作提示。

（3）情景：以橱窗为环境背景，用各种元素构成有一定情节的场景，将商品很自然地放置在场景中，以整体氛围来吸引观众。

（4）新产品：当新款商品即将上市时，商家会抓住这一卖点大做宣传，不断刺激消费者的消费欲。

（5）系列产品：以用途、材质、款式等为划分标准，将众系列商品组合陈列在橱窗中，为了突出商品的这种特质，有时候会在橱窗玻璃和展具的装饰上用一些元素进行呼应。

4. 橱窗装饰要素

对橱窗进行装饰陈列时，设计可在橱窗与室内空间的背板、玻璃、商品的支撑物及配饰上下功夫。

（1）背板。背板的形式和色彩几乎决定了整个橱窗的形式和基调，大部分封闭式的橱窗背板遍布背景画；半封闭式的橱窗会把重心落在背板的形式、材质以及颜色上。如图5-26所示为某专业购物空间。

图5-26　某专业购物空间

（2）橱窗玻璃。橱窗玻璃上常会装饰一些数字、图案，用来告之行人重要的信息，或与橱窗内陈列的商品相呼应，形成更为整体的印象，如图5-27所示。

（3）商品的支架。不同的摆放方式，如悬挂、支撑或斜置等都会让商品呈现出不同

图5-27　橱窗玻璃展示

的效果。有时商品的摆放状态取决于支架，所以对商品支架的装饰在视觉上有画龙点睛的作用。

（4）装饰小品。橱窗地面、顶部都可以使用一些装饰小品，用以增强视觉效果，如常用的植物，各种生活物件、艺术装饰物件。

5.7.2　广告灯箱

广告灯箱是商业空间里重要的宣传工具，由于其具有发光的特点，即便是在黑暗中，也能清晰和直接地向行人传递商店的店名、标志以及商品的相关信息。有时它还是室内装饰元素之一（图5-28）。

灯箱种类繁多，按照灯箱的类型来看，专业购物空间常用到超薄灯箱和吸塑灯箱。超薄灯箱是近几年广泛运用于专业购物空间的新型灯箱广告工具，使用LED灯源和导光板技术，具有轻薄、节能、发光均匀、光亮度好、开启方便等特点。灯箱外框材质一般为铝型材或不锈钢。吸塑灯箱被广泛制作成专业购物空间的门头、标

志、店招等，其优点是耐温差、不易变色和变形，灯箱色彩明亮、透光性能好。除此以外，还有发光水晶字灯箱、铝塑板灯箱等。按放置位置来看，广告灯箱的位置常见于店面门楣上、店面入口处、店面附近的墙面上等，按放置方式来看，有悬挂式、立杆式、落地式等（图5-29）。

图5-28　某服装店外立面招牌的灯光设计　　图5-29　某商场内店面的发光水晶字灯箱设计

店外广告灯箱的版面设计会全部或部分具有店名、品牌名称、标志、商品的图片等元素，主要起到提示、宣传、引导的作用，而店内灯箱版面更多的是从展示商品内容和烘托室内氛围的角度考虑。运用版面设计的相关知识，合理安排文字、图片、色彩等元素，灯箱设计力求新颖、清晰、易懂。

5.8　专业购物空间界面处理方法

室内空间界面的设计直接关系整个室内空间的环境氛围。顶棚、地面和立面协调统一的表现，能创造出丰富、美观的专业购物空间环境。这要求设计者不仅具有相应的艺术造型能力，还必须熟悉各种装饰材料和施工工艺。

5.8.1　立面处理

室内立面的装饰主要是对室内墙体和柱体的装饰，可以说是室内装饰最重要的部分之一。一般而言，因其是商业空间重要的展示区域，因其常会被展具和商品遮挡，所以墙面以大面积的装饰为主，适当地在局部进行变化。主要的装饰手法是用各种形状、大小以及材质不同的柜架在体量上以点、线、面丰富的结合方式来营造出某种空间的韵律感（图5-30、图5-31）。

图5-30　某专业购物空间的立面处理

图5-31　某商场内专业门店的立面设计

室内单独的柱体，特别是当位置较居中时，为了获得更好的视觉效果，往往会对其进行精心的装饰。装饰一般采用以下四种方式：

（1）包裹反光材料或镜面来减轻笨重感并增加空间层次感。

（2）设置灯箱、放置品牌标志或者宣传照片。

（3）用具备使用功能的装饰小品或展示器具来包围柱体。

（4）将柱子塑造成纯装饰作用的艺术造型。

形象墙的塑造是室内立面装饰中比较重要的一部分。形象墙也称为标志墙，它是企业文化和品牌形象传播的重要方式。收银台后的墙体以及入口正对的墙体，因其良好的可视性成为形象墙的理想位置。

现代各品类专业购物空间的装饰手法非常丰富，除了一些连锁专业购物空间有其整套的装饰要求，即要求在色彩、元素、材质、风格上都不得随意更改外，其他都可以尽可能地显得更有特色，以便强化品牌形象，增加品牌认知。

5.8.2　地面处理

地面是店铺室内的主要组成部分，地面装饰不仅在视觉上，还会在触觉上影响人的心理感受。如人分别踩在地毯、木地板、大理石上的感觉是完全不同的。所以不能忽视对专业购物空间内地面的设计。

地面是承载商品、人、展具等重量的界面，所以在对它进行设计时，首先要考虑其物理性质、材料强度、硬度的要求，确保其使用的可靠性。同时还要具备防滑、防潮、防火、易清洁、易施工等特点。不同装饰材料的物理特性不同，例如实木地板具备一定的弹性，自然纹理质朴、清新；地毯保温性好，柔软舒适；石材坚硬、沉稳。根据这些差别，设计者可以恰当地加以运用，展示店面空间的独特魅力。

地面装饰要呼应其他各个界面的风格，以增强整体空间的吸引力。地面装饰可以用不同的材质拼贴平面的花纹，花纹上的变化既起到引导人流的作用，又可以在视觉上划分范围。但要特别注意的是，不同材质界面交接的地方要保持水平一致，以免绊倒行人。地面也可以用高差的变化来丰富室内空间。抬高或降低局部地面，可以起到强调、暗示、聚拢或隐藏等效果。

地面装饰界限不适宜太明确，以便于日后室内陈设布置的更换。重点门厅的地面可设计拼花图案来突出其位置。

地面一般提倡无高差、无阻碍设计。若由于建筑的原因或局部造型或陈列内容的需要，有高差级别的，应在高低差之间区别材料的种类、颜色，或设计不同图案，或作勾边处理，提醒人们注意，以防止被绊倒。

现代商场地面采用的材料常用的有磨光大理石、花岗石板、抛光地砖、耐磨亚光地砖、整体地面等，这类材料耐磨、光泽度和易清洁性能较好。有些如红酒庄、内衣店等店面也有采用木地板和地毯类材料的，这类材料吸声、吸尘、弹性好，但是不易清理且耐久性差一些。

5.8.3 顶棚

店面顶棚的装饰受室内空间高度的限制，如果是大型商业中心内的专业购物空间，顶棚处会有复杂的通风、照明、消防、监视、音响等设备管道，所以顶棚装饰要综合考虑。顶棚灯具和装饰物的安装位置要协调建筑结构和众多设备所在位置，在不影响照明和装饰效果的前提下妥善处理。

大部分店面顶棚的装饰一般比较简洁，既可以用吊顶等装饰手段来遮挡设备管道，也可以故意显露设备管道，用来创造豪放、前卫的空间氛围。较大面积的平整的吊顶多采用轻钢龙骨石膏板装饰，结合局部叠级处理。裸露顶棚梁构以及设备管线的装饰手法，通常将顶部以及管线设备统一进行喷色处理，并在小面积重点区域进行吊顶装饰变化，这种变化应该与商品的摆放位置、地面的设计相呼应，形成完整的印象（图5-32）。

店面顶棚装饰可将重点落在灯具上。灯具种类的选用要充分考

图5-32 某商业空间顶棚石膏板顶棚处理

虑安全问题。避免因温度、位置等问题引起火灾或者伤到人，灯具造型要符合卖场装饰风格，如用水晶吊灯点缀古典幽雅的女性服饰专业购物空间，卡通灯具装扮儿童品类的区域，粗犷的工矿灯衬托休闲空间或者个性化专营店等。

灯具的色彩也要和顶棚色彩一起考虑。顶棚是专业购物空间内照明工具最主要的载体，所以顶棚灯具的选择和安置不仅要考虑造型的需要，也要考虑室内灯光设计的需要，尽量达到功能和形式的结合。

5.9 专业购物空间的设计风格

店铺风格的塑造是相对自由的，但无论使用何种设计风格，各个界面风格要统一。在同一个空间中，如果出现两种或多种风格混杂，设计时须把握好风格之间的对比和协调的关系，否则会显得不伦不类。风格的自由运用必须要符合商业空间的内涵、风格和定位，不能只着重于空间装饰风格的塑造，却忽略了与商品的协调。如果喧宾夺主，风格的显现不仅不能很好地衬托商品，反而会与品牌形象背道而驰，误导消费者。专业商店装饰类型的设计风格包括如下四种类型：

（1）传统民族风格。传统民族风格常用在一些销售具有民族风格服饰、茶具、饰品等的专业购物空间装饰中。传统民族风格的装饰主要是在界面中使用传统或具有某些民族风格的建筑符号或家具设计的元素，使空间装饰带有历史感和地域特色。

这里所说的传统民族风格是一种泛指，传统的民族风格可以是中式、欧式、美式或法式乡村等，我们都把其概括到传统民族风格的大类中。民族风格常借鉴古代建筑以及其他各国或某个民族的一些具有代表性的传统符号元素，如明、清家具，罗马柱，哥特式、巴洛克式的各类建筑装饰元素，或者是某一种民族文化的印象。如湘西的吊脚楼、银饰、蜡染，印加的图腾，法式田园的铁艺碎花等，这些元素的识别性高，将这些经典元素提炼并加以丰富，能让人们在进入专业购物空间时引起强烈的共鸣。传统民族风格的专业购物空间不仅在形式上寻求传统民族文化的"神"和"韵"，同时还寻求具有代表性的色彩。如中国传统的红色，澳大利亚有代表性的蓝、白以及黄。形与色的结合，构成一个风格明确的卖场环境。如在旗袍店的顶棚装饰中采用中国传统的藻井、挂落、雀替，选用暗红色木制展具，立面局部点缀文化石，这些手法都使空间显示出了浓郁的中式风格（图5-33、图5-34）。

（2）现代风格。现代风格注重形式和功能的结合，反对使用多余的装饰，设计删繁就简，强调造型本身的形式美，简洁、明快、清新，又不失优雅。以平面构成、色彩构成、立体构成为基础进行设计，特别注重对空间色彩以及形体变化的挖掘。现代风格崇尚合理的使用材料，突出材料的语言，讲究材料在质地和色彩上的相互搭配。

图5-33 中式风格的店面设计（一）

图5-34 中式风格的店面设计（二）

现代风格的店铺装饰中，材料使用并不仅限于石材、木材，还较多地运用金属、玻璃、塑料、有机材料、合成材料等并加以综合运用，不过分追求高档和烦琐的装饰，而是重视创造独特的个性。一般现代风格的专业商店所使用的色彩会比较明快，对比较强烈，常用黑白灰等色彩以体现风格的简洁。一些店面在装修过程中，故意将建筑结构或各种管道裸露，来表现一种高度工业技术

图5-35 某商场内现代风格的店面设计

化的感觉。利用展具或者通过灯光、材料的不同从视觉上划分空间，并强调各个空间的相互渗透，体现空间的相互关系。

现代风格是中小型专营店室内设计中运用得比较多的风格之一。它适用面较广，如化妆品店、小型电器专卖店、体育用品专卖店等（图5-35）。

（3）后现代风格。后现代风格在追求新潮的同时，也讲求对历史感的延续，是现代和传统的结合，如新中式就是中国传统民族风格和现代风格的一种结合。后现代风格突出装饰性、新鲜感和混搭感。后现代风格的专营店设计，其亮点常体现在极具创造性的展具、灯具、空间划分以及色彩使用上。虽然有时实用性会降低，但空间中独特的色彩搭配、新颖的空间感受、物品陈设的趣味性和幽默感，甚至是

夸张感都得到很好的表现，这些都充分吸引着顾客的眼光。后现代风格是中小型专营店室内设计中运用得比较多的风格之一。后现代风格的店面适用面较广，如精品店、咖啡甜品店等（图5-36）。

（4）自然风格。自然风格，顾名思义就是店内的室内装饰模仿接近大自然，我们也将之称为田园风格。大量自然中的元素在室内得到运用，设计使用木、竹、麻、石材等自然界中的材料，尽量保留其本色和自然的纹理，或在卖场中设计一处流水、种植一株植物，直接用自然的元素来装点空间。各国或各地区会因地域情况和文化不同，形成不同特征的自然风格。自然风格常用在休闲型的卖场装饰中，在喧哗的商业空间中塑造一块轻松的、宁静的好似大自然的卖场环境，自然舒适（图5-37）。

图5-36　后现代风格的店面设计　　图5-37　自然风格的店面内部空间设计

5.10　专业购物空间色彩与照明设计

5.10.1　专业购物空间色彩设计

人对色彩传达信息的感知速度超过图形和文字，有效使用色彩，让色彩环境与商品搭配协调可以对消费者的购买心理起到很重要的引导作用。

色彩主题井井有条、重点突出会使整个店面主题鲜明，产生强烈的视觉效果。而色彩的强烈对比，或富有层次感的色彩渐变效果，容易形成陈列焦点以使顾客产生购物的冲动，并轻易锁定目标商品。

店面内色彩渲染的主体并非环境，而是其中的商品，因此在设计时，应根据经营品牌、品类的风格、VI等特征的不同，对店内环境做出相应的色彩设计，在整体协调的前提下，形成丰富的变化效果，以免喧宾夺主（图5-38）。

图5-38　某专业购物空间的色彩设计

5.10.2　专业购物空间照明设计

光线不仅便于顾客看清楚商品，还起着创造空间效果、美化陈列环境、营造情感氛围的重要作用。专业购物空间照明可分为基础照明、重点照明、艺术照明。

（1）基础照明。基础照明指为满足店内的基本照度需要而配置的光源。这类照明大多采用格栅灯、LED平板、筒灯等，将其安装在专营商店的顶棚或顶部框架结构上方，照明的范围较大。室内基础照明会直接影响店铺的展示效果，灯光照明效果好的店铺和灯光照明效果不好的店铺给消费者的心理感受完全不同。

（2）重点照明。重点照明主要是选择射灯等聚光灯具，光线在一定的角度中投射到特定区域或商品上，如商品的标志、海报、橱窗等，使重点照明区域更加明亮和突出，达到吸引顾客视线的目的。重点照明应是整个室内基本照明亮度的1.5~2.0倍。为了更好地烘托气氛，有时照明设计会故意降低附近基础照明的亮度，从而营造出更加戏剧化的重点照明效果，照明系统要注意灯光的照明方向所产生的不同效果。

橱窗照明中多使用重点照明方式，可表现出特有的艺术效果。在对橱窗照明亮度进行控制时，要注意避免产生眩光。白天自然光照比较强，橱窗内亮度不够，就容易产生眩光。所以橱窗内应设置多组照明系统，用于满足白天和晚上不同的照明需要。

（3）艺术照明。专业购物空间的艺术照明通常不承担照亮商品的任务，而是通过灯光的色彩以及智能照明控制系统所控制的灯光的动态变化，对卖场的地面、墙面、陈列的背景等做一些特殊的灯光处理，从而在店铺局部营造出特殊的气氛环境来吸引消费者、促进销售。艺术照明不宜过多，以免产生混乱。进行灯光设计时必须围绕专业购物空间品牌的理念和店铺主题，只有这样才能使顾客在入店后产生很好的视觉享受。

5.11　专业购物空间设计基本尺度要求

空间的特殊性质要求专业购物空间在满足人体工程学的基本尺度以外，很大程度上要考虑经营品类的商品陈设的基本尺度要求，设计师在设计上要充分了解商品对于陈列展示的尺度要求。

现代设计强调以人为本，设备和环境都应该以人为基本标准进行设计并为人服务。专业购物店以迎合消费者、顺利销售商品和树立品牌形象为最终目的，所以在对其空间进行设计时，设计师要参照以研究人、物、环境三者关系为核心的人体工程学中的相关尺度，以取得最舒适、最佳的效果。

（1）入口及橱窗的尺度。入口是室内和室外空间的过渡。入口要协调外部建筑的较大体量，同时又要考虑人体的基础尺度，所以入口常会采用装饰门头或建筑立面等手法，在视觉上达到放大的效果，从而与外部空间相协调。较大专营商店的入口常采用双开钢化玻璃门，其宽度为1500~2000mm，高度为2100~2400mm，也有设计成超高尺寸的，其大门可高达3.2m。一些面积较小的店铺入口则采用尺寸为900mm×2100mm的单开门。设置店铺入口时，要综合考虑店内营业面积、人流量、商品类型、主要消费人群等因素。入口的尺度要恰当，不能造成拥挤、闭塞，也不能让人望而生畏。而橱窗的宽度和高度需要与整个店面大小及商品体积相协调。店面各组成部分在横向和竖向上的划分比例，如橱窗与建筑立面的比例、入口与橱窗的比例以及遮雨篷的高低，都会涉及人体工程学的比例关系，只有符合了基本的比例关系，橱窗的大小与建筑外部空间尺寸相协调，才会达到舒适的视觉效果。

（2）室内陈列的尺度。专业购物空间内的陈列密度一般在30%~60%之间，40%和50%是比较适宜的。密度太低会显得空旷，密度太高会让人感到压抑。室内通道宽度要根据人流量的大小、货品的体积来确定，原则上是顾客可以畅通地走动，最窄的距离不小于800mm。陈列柜架的高度与人体工程学有很大的关系，一般人们会注意到地面以上600~1900mm区域内的物品，低于600mm和高于1900mm的商品不容易注意到。根据人体工程学的研究，人的最佳视觉区域是在人的视平线以上400mm到视平线以下400mm之间，按我国成年男子平均身高169.7cm计算，视高为157.4cm，按成年女子平均身高158.6cm计算，视高为146.9cm，男女平均视高约为152cm。所以专业购物空间陈列的最佳视域为112~172cm，在这个高度差之内陈列的商品最容易引起顾客的注意。

5.12 专业购物空间课程设计实训任务书

（1）项目概况：

1）项目名称：某品类专营店装饰设计。

2）工程规模：临街店面建筑面积400m²。

3）设计内容：店面外装饰设计、店内空间装饰设计（包括柜架与展台部分）。

（2）实训目的：

1）掌握中小型专营商店的功能、主题定位与设计方法。

2）掌握依据业主及市场、行业的发展要求，进行项目调研，展开设计分析，学会融入设计师的理念进行设计作品创作的方法。

3）进一步掌握不同类型空间的设计手法与表现形式。

（3）实训要求：

1）进一步了解公共空间的设计程序、设计原则和理念。

2）对专营商店的功能划分和品牌定位有一定的了解，并能实践运用到设计中。

3）培养与客户交流沟通的能力及与项目组同事的团队协作精神。

4）设计中注重发挥自主创新意识。

5）在训练中发现问题及时咨询实训指导老师。

6）训练过程中注重自我总结与评价，以严谨的工作作风对待实训。

（4）实训成果：设计成果以文本或设计展板的方式表达，要求学生将完成的方案创意构思、效果图、方案平面图等设计成果，经排版整理后以A3图册文本的方式装裱或以A0~A1系列展板展示。

设计成果汇报以PPT汇报文稿的方式，汇报成果要求有内容 封面、说明、目录、市场调研、设计定位与构思、建筑条件与整体环境分析、本案设计方案平面图、主要空间设计的效果图、主题配色构思、材质选型方案等。

5.13 专业购物空间课程设计实训过程指导

5.13.1 设计准备

本阶段要求对专营商店门面选址进行实地勘查，勘查的内容包括门面选址的建筑构造和周边环境两个方面，并将实地勘查的情况客观详细地记录于原始建筑图中。门面选址的建筑构造包括：梁柱所在的位置及相互关系，承重墙和非承重墙的位置及关系，水暖电气等设施的规格、位置和走向等。门面选址的周边环境包括所处地理位置、外部交通情况、与周围建筑的关系等。

与目标客户的前期沟通，沟通信息主要包括品牌的营销理念、经营定位及设计要求；主要竞争对手的营销理念与经营定位；所售商品的特性、品质与消费群；所售商品的CI设计方案。

5.13.2　方案的初步设计

本阶段要求各项目组将设计风格与理念定位贯穿于方案设计之中，初步确定解决技术问题的方案。

（1）根据本项目的设计分析与定位确定其设计的风格、功能关系与商品陈列展示方式。

（2）根据商业空间功能区域的相互关系，解决功能区之间的相互关联、过渡和协调呼应的关系。

（3）安排商品陈列柜、展示架和各种设施。

（4）考虑各种线路、各种管道的位置与功能，综合考虑运用不同材料的特点与装饰效果。

5.13.3　方案设计草图创意

本阶段要求各项目组将设计方案以方案草图的形式表现出来（比例及表现手法自定）：

（1）以功能分区图表现空间类型划分，并进行环境分析、构思分析。

（2）以人流活动流线图表现空间组合方式并进行空间关系分析。

（3）以透视图形式表现空间形态。

（4）做好色彩配置及物料方案。

（5）考虑装修风格、色彩效果、材料的质地等。

（6）按照商品陈列要求进行灯光照明设计。

注：本阶段可以由学生将成果做到概念设计深度，以ppt汇报的方式展示方案点评。

5.13.4　方案设计成果的表达

本阶段要求各项目组在方案草图修改完善的基础上将设计方案完整地用有效的图样形式表现出来，并利用口头和文字两种方式表述方案设计思维。图样部分的内容包括：

（1）绘制完整的方案平面图、顶棚图，以平彩的方式表现，以及主要空间的立面图。

（2）绘制主要空间效果图。注意透视方式及视角的选择与绘制，和空间感、光影关系以及色彩与质感的表现。

（3）文字结合图表以设计说明形式表述方案，含主要经济技术指标、设计构思说明，结合设计主题及个人构思特点说明。

（4）制作A3方案文本。

图5-39为学生完成的作品。

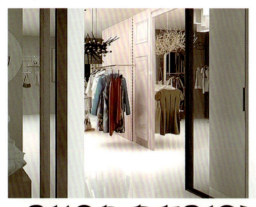

SHOP DESIGN

风格定位：INS现代侘寂风

设计说明：

作品名称：GOHO

班级：环艺81801

学号：180049249

姓名：仲*

本设计想要传达一种接受事物的不完美，展现自然的完整性，凸显女性对于美的独特追求的观念。通过人们对残缺美的领悟，使其摆脱平庸的日常生活，寄琐碎烦恼于消费之中。从心理学角度来看，设计使消费者感到放松，就像远离喧嚣的绿洲。空间用极简的手法开放布局，干净利落的顶面与墙面体现出现代简约生活的品质感。微妙的空旷感与沉闷的灰色调相结合，极大地体现出侘寂风所表现的意境。

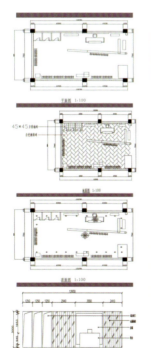

CLOTHING STORE

图5-39　学生作品

第6章　主题酒店空间设计

6.1　主题酒店空间的分类与特点

6.1.1　主题酒店空间分类

主题酒店是以某种文化为主题，以酒店为载体，以客人的体验为本质的一种酒店空间类型。主题酒店空间以某一特定的主题，来体现酒店的建筑风格、装饰艺术和特定的文化氛围，让顾客获得富有个性的空间感受；同时将服务项目融入主题，以个性化的服务取代一般化的服务，让顾客获得不一样的感受，产生身心的共鸣。历史、文化、城市、自然、神话童话故事等多种题材都可成为酒店借以发挥的主题。如青城山的鹤翔山庄以"道家文化"为主题，抓住了区域文化的核心内涵，在这种内涵的基础上创造了与道家文化密切相关的鹤翔长生宴、道家养生月饼、青城道茶、根雕艺术馆等"八大品牌"，丰富了主题内涵同时也延伸了产业，增加了主题的附加值。在国内，主题酒店并不是单体酒店的特权，连锁酒店也可以有主题，经济型酒店七斗星就是一个典型代表，其主题定位为"泛主题·体验式"，以旅客精神需求为中心，通过运动主题、记者主题、营销人主题等若干个主题，彻底改变酒店只是提供住宿的业态内涵（图6-1）。

图6-1　某酒店空间内庭设计

主题酒店常以酒店所在地最有影响力的地域特征、文化特质为素材赋予酒店某种主题，并围绕这种主题建设具有全方位的、独特的酒店氛围和经营体系，营造一种无法模仿和复制的独特魅力与个性特征，以实现提升酒店产品质量和品味的目的。主题酒店主要有以下六类：

（1）自然风光酒店。自然风光主题酒店有别于一般以自然景观为背景的酒店设计，而是把富有当地最有特色的自然景观"搬进"酒店，营造一个身临其境的场景（图6-2）。

图6-2　台湾埔里The Bal'e Villas酒店

又比如位于云南西双版纳野象谷的树上旅馆，住"树上旅馆"与住在景区别墅的感觉是完全不同的。旅馆最初设计是为了研究、观察亚洲象的生态行动而修建的观象台，有些像原始人的"巢居"，为云南西双版纳野象谷的"树上旅馆"，现在是建在观象长廊上的，离地面有10多米。

（2）历史文化酒店。在酒店内营造一个时代某一历史瞬间的场景，以时光倒流般的心理感受作为吸引游客的主要卖点。游客一走进酒店，就能切身感受到历史文化的浓郁氛围（图6-3、图6-4）。如玛利亚酒店推出的史前山顶洞人房，抓住"石"作主题文章，利用天然的岩石做成地板、墙壁和顶棚，房间内还设计有瀑布，而且沐浴喷洒由岩石制成，浴缸也是石制的，别有一番景象。

图6-3　海南某酒店在设计上体现了历史文化的主题

图6-4　曼谷某主题酒店

(3)城市特色酒店。这类酒店通常以具有浓厚文化特点的城市为蓝本,以局部模拟的形式和微缩仿造的方法再现城市的风采。深圳威尼斯酒店就属于这一类,酒店以著名水城威尼斯的文化进行包装,利用了众多可反映威尼斯文化的建筑元素,充分展现地中海风情和威尼斯水城文化。

(4)名人文化酒店。以人们熟悉的政治或文艺界名人的经历为主题而设计是名人文化酒店的主要特色,这些酒店很多是由历史名人工作生活过的地方改造的。如西子宾馆,巴金曾在此长期休养,从而推出了巴金套房,房间里保留着他最爱的物品和摆设。

(5)艺术特色酒店。凡属艺术领域的音乐、电影、美术、建筑特色等都可以成为这类酒店的主题。如北京的长城公社酒店就以其独特的建筑形式取胜,它是由十一幢风格迥异的别墅和一个俱乐部组成的建筑群,这其中有建筑师安东设计的红房子、建筑师隈研吾设计的竹屋、张永和建筑师设计的土宅等。如竹屋公社,该建筑的每栋房子均配有设计独特的家具,住客可以在此充分体验亚洲一流建筑师在这里展现的非同寻常的建筑美学和全新的生活方式。再如景德镇青花瓷主题酒店,是以陶瓷文化为主题的体验型精品商务酒店,以特制的青花瓷为装饰元素,风格典雅温馨,富有浓郁的地方特色,是世界上第一家以陶瓷文化为主题的主题酒店,宾客不仅可以通过酒店的走廊、挂画等了解陶瓷知识,还可以在青陶坊亲手制作陶艺作品,并免费参加酒店不定期举办的陶艺专题讲座。

(6)民宿。民宿最早发源地在日本以及英国等地,是指利用自用住宅,或者闲置的房屋,结合当地人文、自然景观、生态、环境资源及农林渔牧生产活动,以家庭副业方式经营,提供旅客乡野生活之住宿处所。民宿业因平民化、平价化、亲民化而广受游客的喜好。民宿不同于传统的饭店旅馆,也许没有高级奢华的设施,但它能让人体验到当地民

图6-5 衢州江山耕读农场水上屋

俗风情，感受民宿主人的热情与服务，并体验有别于以往的生活，因此蔚为流行。

按位置分，民宿可以分为城市民宿和乡村民宿两大类。如图6-5所示为衢州江山耕读农场水上屋，图6-6所示为宁波书房酒店。

1）城市民宿：由小村落发展而来，多以公寓大楼式的形式呈现，以现代风格的建筑为特色（图6-7、图6-8）。

2）乡村民宿：以乡村文化为内涵，多依托景区或者地域特色资源而发展，乡土气息浓厚。多为农村体验型，通常建于传统的农业乡村中，除有农村景观并提供体验农家生活之外，还提供农业生产方面的体验活动。

图6-6　宁波书房酒店

按功能分，民宿可以分为纯粹住宿型和特色服务型两大类。

1）纯粹住宿型：一般临近景区，依托周边景区的人气而发展，具有干净清爽、价格低廉等特点。

2）特色服务型：自身也具有旅游吸引力，通常结合周边资源，打造如温泉养生、乡村运动等特色主题，提供农业体验、生态观光等多项服务。

图6-7　贵州兴义某民宿客房

图6-8　某城市民宿的过厅内景

6.1.2 主题酒店空间的设计特点

主题酒店经营的目的在于给顾客独特的住店体验，从而获得高回报的利润。主题酒店的设计特点主要表现在其是集独特性、文化性和体验性为一体的酒店。独特性、文化性、体验性三者之间相互渗透，相互存在。

1. 独特性

主题酒店要与众不同，这是酒店的经营战略出发点，主题酒店之间的独特性在于主题之间的差异，以及由此引发的在各个细节上的差别，和给客人带来的体验内容的不同。一般酒店的模式却会是相同的，而对于强调体验则是一致的。主题酒店在设计中要处理好酒店模式大致相同与主题不同之间的关系，通过大体相同的模式，达到一种低成本的运作，但却创造出有差异的独特的主题，最终成为酒店的核心竞争力。

2. 体验性

体验性是主题酒店所追求的本质，主题酒店最后要通过给顾客提供独特的体验来获得高回报的利润，这是酒店的最终目标。主题酒店注重表达独特性、追求差异，顾客对于酒店的认同与共鸣是可以通过顾客自身的真实体验来完成的，空间的认同或认知可通过视觉、心理的感受，以及酒店的服务与人文而获得。标准化、规范化的服务带给顾客良好体验是现代酒店的核心，主题酒店的发展同样有相同的模式。

3. 文化性

文化性体现了酒店对内涵的追求，文化是主题，是酒店执行的具体战术和手段，酒店要通过文化来获得竞争优势。文化是人类的物质财富和精神财富的总和，主题酒店的文化与一般意义上的酒店文化是两个不同的概念，酒店是提供服务的场所，因此，酒店的核心应该是服务文化，而主题酒店的文化是在以酒店文化为基础的前提下，另拓展出的一种新的酒店类型。主题酒店设计更多的是关注人文精神历史文明，酒店设计从建筑符号、装饰艺术，到内涵文化、服务品位等方面能够与传统酒店产生差异，形成装饰隐喻与特色体验等，所以主题酒店也可称为文化主题酒店。任何一个主题酒店都是围绕主体素材来挖掘相应的主题文化，文化主题酒店更加突出了主题酒店的文化性。

6.2 主题酒店空间的总体环境与主要功能设计

现代酒店的产业化促进酒店行业设计的专业化，设计师必须了解酒店基本功能设施要求，认识不同空间的功能差异及酒店系统的综合运营，掌握各种星级标准酒店的设施规范及技术标准。

酒店从经营角度讲，可分为收益部分和非收益性部分，收益部分的空间应精心设计，其主要考虑几个部分：客房部分，餐饮部分包括宴会厅、主餐厅、副餐厅、红酒吧、雪茄室、咖啡吧等，其他营业部门，包括会议室、健身设施、桑拿、美容、游泳池、洗衣部、商业中心等。非收益性部分包括大堂及总服务台、管理性办公室、行李房、电话总机室、仓库、更衣室、医务室、职工食堂、锅炉房、停车场等。主题酒店在国内属于新兴事物，简单来说酒店的空间一般划分成三个主要功能区域：公共空间区、客房区和后台区。

（1）公共空间区。酒店公共空间是指酒店公众共有、共享的区域和场所。它主要包括大厅、前台、大堂酒吧、餐厅、电梯、走廊、庭院、会议室、卫生间及多功能厅等。

1）酒店前台。一般将其设在大厅显眼且不影响交通的地方。前台主要功能包括住宿手续办理、咨询服务、贵重物品存放处、出纳处等业务服务。如图6-9所示为南京凯宾斯基酒店的前台。

2）休息区。休息区一般指由沙发和茶几构成的空间，主要是供酒店客人等候休息的地方（图6-10~图6-12）。通常占大厅面积的15%，位置宜靠近总服务台，或有通透风景观赏的幕墙玻璃旁，通常布置一组或几组沙发，地面铺设地毯，沙发之间放置茶几、落地台灯，形成一个虚拟的休息空间，四周可摆设几盆枝叶茂盛的植物，形成空间绿色隔断。休息区可设置书报架，以供客人翻阅。沙发的风格样式一定要和大堂风格样式相

图6-9 南京凯宾斯基酒店的前台

图6-10 北京某酒店大堂休息区

图6-11 深圳某酒店的大堂及休息等候区

协调。

3）内庭景观。在建筑条件允许的情况下，可在酒店大堂空间内结合酒店主题定位设计内庭景观，设计师运用山石、绿植、水体、雕塑、壁画等景观素材，按一定的园林景观设计美学原则加以组合创作，丰富大堂的空间效果，增添自然情趣的氛围。

图6-12　上海某酒店大堂休息区

4）公共卫生间。酒店公共卫生间设计要区分客人使用与内部工作人员使用，酒店公共卫生间会充分体现酒店的档次和管理水平，所以要予以重视。

（2）客房区。酒店客房设计根据酒店档次的不同其房间类型的设置、房间内部的设计也存在差异（图6-13~图6-16）。

图6-13　深圳某酒店客房

图6-14　上海某酒店客房（一）

图6-15　上海某酒店客房（二）

图6-16　日本别府AIVA洲际酒店客房

1）单人间。单间面积为16~20m^2的房间，内由卫生间和其他附属设备组成，房内设一张单人床。一些酒店推出的经济间或特惠间一般也属于单人间之列。

2）标准间。房内设两张单人床或一张双人床的为标准间，这样的房间适合住两位客人或夫妻同住，也适合旅游团体住用。

3）商务间。房内设两张单人床或一张双人床，一般情况房内都是可以上网的，以满足商务客人的需求。商务间主要针对商务客人，房间内的设施设备侧重在商务面谈时使用设备，如会客区域的沙发茶几，写字台上商务用的传真机等，由于客人的特点，有时内设的杂志和刊物也会与其他客房不同。

4）豪华间。豪华间多为一张大床，房间的装修、设施比标准间档次高，豪华间与标准间相对来说，功能和设施要更全面一些。

5）行政间。多为一张双人床，此类型房间单独为一楼层，并配有专用的商务中心、咖啡厅等。行政间在面积大小上首先会更注重考虑宽敞舒适，在功能布局上会客区域的沙发椅，办公区域的文具，写字台的大小也会有所增大等。

6）套间。由两间或两间以上的房间（内有卫生间和其他附属设施）组成。套房一般可分为商务套、情侣套、总统套等，多房间多卫生间且有单独会客室，更有家的感觉。套间内床的数量与房间多少有关系。

部分酒店也会根据其所处的地理位置推出海景、山景、江景房等，或根据房间的特性来命名房间名称，但一般房内配置不会发生太大变化，如海景房或山景房基本属于豪华间的范围。

（3）后台区。后台区一般包括酒店工程设施区、厨房和食品加工区、仓储区、员工生活区、消防控制室、监控中心、洗衣房、房务中心、值班室、空调机房等。

酒店的内部功能布局是评价酒店设计成功与否的关键内容，这要求每一项功能设置恰到好处，既方便客人使用，又便于经营管理；既不浪费面积，又能体现酒店浓郁的服务氛围。总的来说，其功能布局要注意以下两点：

1）动线清晰。员工和客人各行其道互不交叉，包括行李入口也要与客人分开。当客人进入大堂时，马上映入眼帘的是总服务台，当在总服务台办完入住手续之后，顺路进入电梯厅，乘电梯到达所住楼层。员工从员工入口进入酒店，员工与客人动线分流，不会发生交叉。安排通道不仅要把员工与客人分开，员工通道也要注意把人与物分开。酒店的库房一般都在地下，员工出入拿东西、送货要分成上、下道，不要人物混杂，不然既影响工作，又容易出事故。

2）分区合理。各项功能，各就其位，既不浪费面积，又安排得非常恰当。酒店的大堂，应是功能最多的。除设有总服务台、礼宾部、行李柜台，还有大堂酒吧或茶座、咖啡厅，有时商务中心、鲜花店、书屋、精品店也会安排在大堂附近。此处还应注意西餐厅、封闭酒吧、风味餐厅的安排要与桑拿健身、泳池分别设在不同楼层，且不宜相隔太近。

6.3 主题酒店空间主要空间设计要求

6.3.1 客房部分

1. 客房布置分配

酒店客房设计每层客房自然间宜为20~25间，客房楼层平面布局宜上下一致，避免自然间房型变化。客房层每层应设服务间和布草间，位置邻近后场货梯，内设给水排水设备。客房层应至少每两层设一个工作人员卫生间。层高结构应保证客房走道管线安装吊顶后净高为2.35m以上。

2. 客房设计尺寸要求

酒店客房家具的基本尺寸，不管是外观尺寸还是功能尺寸的确定，最主要来自人体工程学，以及考虑使用者在工作、生活等使用过程中的安全、舒适、健康和体验，这方面既有人们长期的积累，也有国家、行业标准的指导和限定。

3. 客房走廊设计

1）客房走廊宽度设计应符合《建筑设计防火规范》GB-5016-2014（2018）版的规定。最小净宽要求：走道单面布置为1.2m，双面布置为1.5m以上。走廊吊顶后层高尽量达到2.4m。顶棚尽量不要做得太复杂，要给通信加强设备留有一定空间，走廊的监控探头也尽量做成半隐蔽式。

2）客房走廊、升降机厅设置的空调风口、检查修理口不能影响走廊整体效果。

3）客房走廊灯光要柔和而且没有眩光，亮度适中但必须要保证监控画面清晰。建议采用壁光或墙边光反射照明，在每一个房门的上方设计槽灯方便客人，为节流能源建议走廊灯光采取两路控制。

4）客房过道每隔15m在墙壁上距地35cm处须考虑设计一不中断电源插座，供员工做卫生清洁使用。

5）走廊两侧的客房门不宜正对，尽量要错开设置。开管道井里门应采用防火门，外门装修成可活动的壁嵌式，顶部设置筒灯，将管道井门结合走道墙面立面进行设计。

4. 客房门的设计

客房门设计采用凹入墙面式为宜，凹入的空间以供客人开门驻留时不影响其他客人的行走为宜，同时在装饰设计效果上可以在走道的立面设计上形成节奏感、韵律感以丰富空间效果。凹入部分设计尺度不宜太大，最好控制在45cm以内。客房门设计应宽敞高大，尺寸应不低于（0.9~1.0）m×（2.0~2.3）m，套房门建议设计子母门，客房门与门的框架之间须有防撞胶条，底门装有隔声带，保证隔声良好，门上安装猫眼，距地1.5m。

5. 客房玄关部分设计

客房玄关净宽度要求在1.1m以上，顶棚层高不应低于2.4m；玄关地面宜采用石材或仿石材地砖等。客房玄关区一般设衣柜，条件允许可设置小型衣帽间。衣柜进深不低于500mm，内净高度为2000mm左右，玄关照明顶灯应选择普通照明和应急照明两种功能的筒灯。夜灯设置在玄关下方墙面距地300mm处。考虑卫生间排风效果，玄关顶棚与卫生间顶棚之间间隔墙必须要做好封堵。

6. 客房卫生间设计

卫生间面积一般为3~5m^2，卫生间洁具尺寸根据市场产品有细微变化，设计根据产品尺寸以及使用尺度的要求确定。客房卫生间应设有洗手盆、坐便器、淋浴（浴缸）等设施，如客房同时设有淋浴与浴缸则两项需分开单独设置。卫生间与卧房之间的墙面，为增加卫生间与卧房之间的通透感，可采用"钢化玻璃+手动卷帘"。淋浴设施应简洁、实用。一般给水管道做成入墙式，地漏应做隐藏式且直径尺寸不能低于12cm×12cm。淋浴间要做高出地面2.0cm的梯形门槛以防止水流外溢。卫生间地砖应选择防滑、中性色系的地砖，墙面砖宜选用浅色系。套房内的卫生间地面和墙面可选用大理石或仿大理石砖。卫生间内需设置防雾式梳妆镜。洗面盆上方用防眩光的镜前灯或采用日光灯槽加灯箱片，顶部浴缸正上方设置防雾筒灯。卫生间的门套离地200mm位置处设计石材以防止门套浸蚀发霉。

7. 卧房区设计

（1）空间设计。卧房装修后的层高净高不能太低，至少2.6m以上。床体选择：套房、单人间选用2.15m×2.0m；标准间选用1.35m×2.0 m。床体高度27cm，床垫高度20cm，床腿高度8cm以内，床体整体高度控制在55cm以内。

（2）照明设计。客房内设有台灯、床头灯、廊灯、夜灯、吧台灯，分组控制，客人可随其喜好和要求控制，一般采用暖色光源。壁式床头灯高为1200~1400mm。顶灯部分可根据客房设计的风格设置，若不设置顶灯，需在照度设计上做好相应处理。吧台处使用筒灯，挂画上方要思量设置一可旋转45°角的射灯，要选择质量好、散热快的灯饰。

（3）强弱电端口。客房强弱电端口设计得合理与否直接影响到客人的使用与评价，以标准间为例首先需考虑不中断电源插座的设置：小冰箱位置后一处，距地300mm；卫生间接近卧房墙面一处，距地300mm（供员工做卫生用）；写字台一处（供客人手机充电用并做特殊标记）。所有插座均为国际通用式。墙体立面要对电视做隔声处理，设置电源插座，电视光纤端口、数字端口预留。床头柜上方齐布四个面板为阅读灯-（主控-壁灯）-插座-（夜灯-壁灯）。玄关接近进户门的墙面距地1300~1330mm处，并排齐布三个面板：插卡取电开关、房灯总控开关、请勿打扰开关。卫生间门口，距地1300~1330mm处，布卫生间照明及排气扇开关，空调温控开关。

（4）饰品。标准双人间饰品基本是以挂画为主，单人间和套房应请专业艺术品设计公司与室内装饰设计公司配合设计艺术摆件和挂件。艺术品设计应与装饰设计、强电设计配合，预留好艺术品位置。

8. 客房隔声设计

客房的隔声效果是酒店在设计时要留意考虑的一个方面，加气混凝土砌块表面须加隔声毡，吸声棉后安装，龙骨加一层石膏板，这种工艺做法可确保隔壁客厅电视开到最大音量时（80~90分贝）也不影响隔邻客人休息。

其次相邻房间不宜在相同位置埋装强弱电线盒，必须错开位置，以避免因墙体凿穿而影响隔声效果。所有电线管道、线槽通过间墙及电力插座边沿的，都应该加隔声填缝胶（或者发泡剂），使其挤满在所有的空隙里。石膏板墙上的检查修理口位置必须以发泡胶密封。因形成空洞酿成的缝隙，在25mm以下的，可施用玻璃棉或防火涂料密封。

6.3.2　酒店大堂及前厅

大堂入口考虑设置不小于直径2.4m的旋转门或者电动感应门，另需设置平开门，平开门应设双门斗。酒店到达处，宜设置行李通道，能直接连接到行李房和服务电梯。

高星级酒店行李房宜设两间，团队与散客分开使用。前台位置的设置应考虑不影响大堂入口的交通。高星级酒店前台也宜设两处，团队与散客分开使用。前台办公室应邻近大堂前台，连接总台开门处。贵重物品存放室与前台办公室相连，员工从前台办公室进入，客人从大堂进入，设置柜台分隔。

酒店服务台的功能包括迎宾、咨询、寄存、入住与离店等业务办理等，一般服务台高度在0.8~1.05m之间，根据酒店的规模和客房的数量确定服务台的长度。

6.3.3　酒店餐饮空间部分

主题酒店根据酒店的定位可设置中餐厅、宴会厅、西餐厅等餐饮空间。酒店根据餐饮空间的经营实践可有全日餐厅设计，全日餐厅座位数为客房数的50%，每座面积为2m^2，厨房面积为餐厅面积的50%。全日餐厅兼顾客房送餐服务，应紧邻服务电梯。

中餐厅大厅设计应考虑可作婚宴使用，设计上一般兼有宴会的功能，此时就应设前厅，前厅面积约为宴会厅面积的30%~35%，前厅宜设在宴会厅长边的一侧。宴会大厅宜设活动隔断，需能分隔成两或三间，长宽比宜为16∶9。酒店中餐厅应多设包房，以应对大小不同团体的就餐需求，主要包房都应设有独立卫生间和服务间，服务间宜设独立出入口。中餐厅宜设20人一桌的大包房，另外宜设两或三桌连通的包房。中餐厅包房区宜有独立送菜通道与厨房相连。送菜通道不宜穿越大厅。

6.3.4 其他公共部分

酒店的其他公共部分包括会议、健身、棋牌娱乐、咖啡阅读等区域。大型会议层应设服务间，部分会议室前宜设公共的茶歇空间。酒店行政办公区域应设在酒店公共区域，主要设总经理室、销售部、餐饮总监、财务部以及接待室等部门，四星级酒店一般公共区域的行政办公区域为200~300m²。

6.3.5 后场

酒店后场应设计与客人通道严格分离的内部工作通道。后勤区主要有：卸货区、收货采购办公室、主仓库、餐饮辅助用房、员工更衣室、员工食堂、人力资源部管理等办公室、管家部办公室、布草仓库、制服间、洗衣房、日用品库、工程部办公室、工程部仓库、保安办公室、安保中心以及消防中心等。

后场的主要室内设计区域为：员工餐厅、员工培训室、员工更衣室。制服间应临近员工考勤出入口，男女更衣室宜临近制服间。快捷酒店员工人数一般为客房数的0.8倍，一般高星级酒店员工人数为客房数的1.2倍。员工男女比例，男员工约为45%，女员工约为55%。员工更衣柜宜每人一个。更衣室成品更衣柜尺寸为300mm×1000mm，上下柜为一组，每个组合柜由四组或六组组成。员工更衣室须设男女淋浴间和卫生间。

6.4 主题酒店空间的设计定位与界面处理方法

6.4.1 主题酒店空间的设计定位

主题酒店的设计，首先需要定位主题，要根据酒店所处的环境、历史、城市、文化等方面来选择一个合适酒店本身的主题。首先，主题定位应该明确，如果客人都无法明白酒店所表达的主题，那无疑是失败的。其次，要深思熟虑，酒店的主题是否能融入城市、融入环境，主题酒店要把通过独特个性而吸引顾客的优势展现出来。另外，应该在酒店的配置和服务方面好好思量，让顾客有好的入住体验是酒店配置和服务的中心。

主题酒店设计的风格离不开它的市场定位，以及文化背景的制约。各种类型的酒店会有不同的设计定位。

当下人们随着经济的快速发展，生活压力越来越大，大多数人渴望生活环境回归自然已然成为一种时代潮流，现在以田园农舍为主题进行设计的酒店就广泛受到欢迎。比如在酒店空间外观上用植物装饰，大厅内萦绕弯曲的水道，楼顶灯具设计成田园风情图案，墙上陈列草帽、马灯等物品，窗棂敞开，微风吹过，给人一种田野的感受。此类主题酒店设计师将天然的木、竹、藤、麻作为设计主材，配合绿植、素混凝土等现代科技的产物，两者结合恰到好处。如图6-17所示为某酒店水吧区设计。

在主题酒店设计过程中，怀旧寻古也是经常运用的主题，设计师对浓郁的历史文化特色进行挖掘整理，再现历史风韵，赋予主题酒店空间极强的生命力、感染力。图6-18所示为某酒店的客房区设计。

6.4.2 主题酒店空间界面处理方法

空间界面处理是在酒店设计风格、装饰元素、设计手法均确定的基础上进行的，其通过各种材料组合、颜色搭配、灯光渲染等装饰手段，使设计达到预期的效果。酒店界面装饰构造是室内设计中科技含量最高、艺术创意最为复杂的工程。下面就酒店空间地面、墙面、顶棚常见的材料与构造作简单的分析。

1. 酒店墙面用材及处理方法

墙面是进店客人视线停留时间较长的地方，其材质颜色、形状对酒店的整体环境氛围影响极大，酒店在进行墙面设计时还要充分考虑与顶面、地面的衔接过渡，

图6-17　某酒店水吧区设计

图6-18　某酒店的客房区设计

使酒店设计风格保持统一。酒店室内墙面首先要保证使用功能，如易清洁、保温、隔热、吸声、隔声等效果，还要注意与人近距离且可观看触摸的内墙饰面给人的触感、温度感等的心理要求，根据不同的材料，制定合理可行的设计方案。

常用的墙面用材包括石材、木饰面或实木定制的护墙板等，这些材质档次较高，多用于厅堂及重要的公共部分的立面。用墙纸、织物及皮革等裱糊墙面，是酒店室内装修最常采用的方法，尤其在酒店客房墙面贴墙纸、墙布、棉麻等会具有特殊的装饰效果。裱糊材料色彩、肌理和图案丰富，品种繁多，形成室内古雅精致、绚丽多彩的艺术氛围。尤其是墙纸，因其造价较低，性价比合理，施工方便，工期较短，所以应用较广。

酒店对室内音质要求较高，尤其是在客房卧室和公共场地，噪声会使客人对酒

店形象留下不良印象，因此，酒店某些墙面可采用软包构造。软包采用多孔的海绵作基层，有很好的吸声效果，软包可做成有圆弧度的边缘，形成的墙面有层次起伏变化，软包表面装饰的布艺具有富丽堂皇的效果。

此外还会有一些独特、另类的墙面处理，如传统的装饰抹灰、素混凝土、艺术玻璃等，无论采用哪一种材质表现，均在于设计师对空间的理解，以及表现的需要而决定，任何一种材质只要合理搭配、构造方法正确均能产生好的装饰效果。

2. 酒店地面用材及处理方法

通常客人走入酒店大堂后，地面的造型、材料质感、颜色及形状会首先引起视觉关注，形成客人最初印象。

酒店地面设计首先要考虑酒店各种空间不同的使用功能，如大堂空间是人来人往使用频繁的公共空间，地面饰面材料应具有足够的强度和防滑耐磨性。客房空间是私密性很强的个人休息场所，要充分考虑地面的脚感、吸声与隔声以及弹性要求。酒店卫生间地面材料则要考虑它的防水、防滑性能。总之，设计酒店地面时，首先应满足不同空间的使用功能。

（1）石材地面材料及构造。根据酒店大堂的使用功能特点，地面材料常用花岗石板材、大理石板材、陶瓷地砖等。石材地面分花岗石地面和大理石地面。

花岗石有各种丰富的色彩，如黑金沙石材，漆黑中散布一些金光闪闪的斑点，高贵、华丽；白色类花岗石颜色纯度不是很高，呈现灰色倾向，国产的有山东白麻、进口的有美国白麻，纯洁、大方；红色类花岗石首推印度红，暖红中略带棕黑晶体，富丽堂皇，这些花岗石都是大堂地面的首选材料。花岗石的不足之处是，其颜色纯度常达不到设计要求。很多设计师多喜爱用仿真石材的大理石瓷砖。

大理石则质感细腻，光泽柔润，色彩纯度高，石材肌理丰富，视觉效果强烈，常用于酒店大堂地面、门厅地面及墙柱。大理石材质较软，易被磨损，使用时需要经常打蜡维护。如图6-19所示为大理石地面的应用。

（2）地砖地面材料及构造。陶瓷地砖是高温烧制而成，其表面光滑，质地坚硬，耐磨耐碱酸，色彩艳丽，图案丰富。由于色差很小，价格适当，无放射污染，尤其是其仿石材逼真度高，大有取代石材板材之势。适用于人流活动量较大，地面

图6-19 某酒店大堂设计中大理石地面的应用

磨损频率较高的地面，如酒店大堂、门厅、走廊及卫生间地面。

就花色和品种来说，陶瓷地面分为仿花岗石系列、仿青石系列、仿大理石系列，根据表面肌理质感又可分为光板、剁板和线板。酒店地面使用时，可根据具体的设计要求选用。

（3）木质地面材料及构造。木质地板是一种环保的装修材料，它有一定的弹性，且纹理优美自然，具有返璞归真、回归自然的效果，并且保温、无毒、易清洁、质感舒适，缺点是阻燃等级差，表面不耐磨，易受潮和虫蛀，或因冷热变化发生材料胀缩，市面上常见的产品有三类，即实木地板、复合木地板和强化木地板。

1）实木地板：实木地板是经过高温蒸煮，然后烘干而成的地面装饰材料。它有普通木地板和进口木地板两种类型，现代酒店装修大都使用后者。规格厚度为12~18mm，长度为600~1200mm，宽度为90~200mm，品种非常丰富。

2）多层实木地板：多层实木地板以多层胶合板为底层，面层以高档优质实木材料热压而成，它克服了实木地板因热胀冷缩而引起的起拱现象，并且保持了实木的环保特性，它的优点是表面光滑、纹理自然、耐磨不易变形、经济实用，是酒店装修常用的一种新型地面装饰材料，铺贴工艺与实木地板相同。

3）强化木地板：强化木地板是近年来广泛运用的地面材料，其结构分为两层，即基层和面层。基层是高密度纤维板，具有一定的防潮、阻燃和抗压作用，面层以各类优质的具有木纹图案的纸质面层热压而成，它克服了实木地板因热胀冷缩而引起的起拱现象，且耐磨性和硬度强。用于公共场所的强化木地板，其耐磨转数应高于9000转。强化木地板施工简单，酒店客房和公共空间地面常采用此类地板。如图6-20、图6-21所示为木地板的应用。

图6-20　木地板地面的应用（一）

图6-21　木地板地面的应用（二）

（4）地毯地面材料及构造。地毯是一种古老的地面铺设材料，它具有吸声、保温、弹性好的特点，通过手工或机器织出的地毯具有很高的工艺价值。铺设在室内，会使环境氛围显得华丽、高贵、温馨，是酒店客房、走道、会客厅、大堂、餐厅常采用的地面材料。走廊尽量不要选用浅色的地毯，要考虑耐脏耐用（图6-22~图6-24）。

图6-22　某酒店地毯

图6-23　南京某酒店的地毯地面图案

图6-24　某酒店的地毯地面设色与整体环境一致

（5）酒店地面常用装饰图案。酒店地面设计要同时满足使用功能和审美功能的要求，它不仅是单纯的材料组合，还要运用不同颜色、图案、质感的材料变化，暗示酒店空间分区，这种地面材料形成的分区界线，可以实现不同空间的虚拟隔断，又不破坏大堂空间的共享性。

酒店大堂地面铺贴常采用中心辐射式、平铺式和斜铺式的方式，在进门厅的地面部位要多运用点、块等来引导视线，暗示各种空间导向。在停留空间，如电梯厅等区域，地面图案适用封闭性的静态图案。

在来往频繁的人流主通道，适于铺连续的图案，若是大堂交通枢纽，最好是以一组中心地花定位，起中心标识性作用。

地面作为室内设计的一个重要环节，应与整体设计风格相统一。独特新颖地运用地面图案，可以使环境达到赏心悦目的效果氛围。

3. 酒店顶棚用材及常用处理方法

顶棚是室内空间的重要组成部分，其透视感强、面积大，视觉上的吸引力强。顶棚设计不仅要考虑装饰效果和艺术风格，还要考虑各种专业设备设施的安装，如消防喷淋、烟感器、空调、强弱电系统等都可设置在顶棚内，成为"隐蔽"工程。因此，顶棚的装饰处理构造复杂，技术难度较高。酒店顶棚材料运用不宜过多，装饰不宜烦琐，图案设计应从空间的整体角度考虑。

随着顶棚装饰材料的发展,其结构类型多种多样。酒店常见的顶棚形式有以下六种形式:

(1)直接式顶棚。直接式顶棚就是对建筑梁、板和屋架等结构,不加面层包装,直接在其表面刮腻子、喷涂料。优点是可以取得较好的室内净高效果,施工简单,造价低廉,但由于会暴露各种管道和设备,为避免杂乱无章的感觉,设计往往会采用顶部统一喷色的效果,设计师可以根据设计风格、空间效果的需要来选择适合的色彩。酒店的顶棚一般不予考虑此种类型,或仅在一些特色空间中适当采用。

(2)发光顶棚。顶棚面层材料采用磨砂玻璃、有机夹胶玻璃等半透光板,或透光软膜结构顶棚内藏灯光,发出柔和的自然光效果。发光顶棚表面多为面光源,且造型与构图自由,常给人一种强烈的现代感装饰效果。

(3)格栅式顶棚。格栅式顶棚其特点是饰面不完全遮盖,且通过一定形状的格子构件组合,有规律地排列而成。顶棚上的内部结构和设施用深色涂料喷刷,照明灯光直接从格子里射出,格架和灯具融为一体,格子有规律地重复,既透又不透的格栅层形成富有韵律的效果,此种顶棚形式减少了顶棚的压抑感(图6-25、图6-26)。商场、超市常采用这种顶棚形式,酒店顶棚部分巧妙运用这种顶棚也有独特的装饰效果。铝格栅的形状可分为方块形、圆筒形、挂片形和藻井式四种。

图6-25　某酒店过厅顶棚的设计

图6-26　厦门某酒店电梯厅铬格栅挂片式顶棚设计

(4)井格式顶棚。一般在酒店大厅高度受到限制的情况下,因势就形,利用楼板上梁体的格状结构做成井格式构造。井格顶层安装豪华吊灯,既可达到装饰效果,又避免顶棚降低了空间高度,是酒店常采用的一种吊顶形式。可根据主梁位置和尺度来划分井格,如井格太深,单元井格可做成迭级退层的形状(图6-27)。

(5)迭级式顶棚。实际案例中的酒店顶棚不可能做成一马平川式的,那样会造成空间高度降低。很多酒店在处理顶棚形式时,都要结合建筑结构、空调管道、喷淋管道等,将顶棚分成几个层面,既丰富了空间层次效果,又结合了结构功能,此种形式的顶棚称为迭级式顶棚(图6-28)。

图6-27　张家界某酒店大堂顶棚设计

图6-28　迭级式顶棚

（6）软质顶棚。在酒店顶棚装饰中，软质顶棚设计采用布幔、绢纱及挂毯来装饰顶棚，软质材料柔和自由的造型，改变了硬质材料冷峻生硬的形态，营造了温馨的环境氛围。其构造一般选用具有防火、耐腐蚀和强度高的软质织物，用吊挂固定，四周活动夹具拉住，再用中间吊挂夹具形成中心结。

6.5　主题酒店空间课程设计实训任务书

（1）项目内容：××××酒店空间室内装饰设计。

（2）实训目的：

1）掌握主题酒店空间功能分区与动线组织。

2）掌握主题酒店空间的类型与设计定位。

3）掌握依据业主及酒店行业的发展要求，融入设计师的理念并掌握设计作品创作的方法。

4）掌握不同类型空间的设计手法。

（3）实训要求：

1）了解主题酒店空间设计的程序、设计原则和理念。

2）对主题酒店空间的功能划分和文化定位有一定的认知。

3）培养与客户交流沟通的能力及，与项目组同事的团队协作精神。

4）设计中注重发挥自主创新意识。

5）在训练中发现问题及时咨询实训指导老师。

6）训练过程中注重自我总结与评价，以严谨的工作作风对待实训。

（4）实训成果：

设计成果以文本或展板的方式表达，要求学生将完成的方案草图、效果图、方案平面图等设计成果，经排版整理后以A3图册文本的方式装裱或以A0~A1系列展板展示。内容包含本案设计方案平面图、设计定位说明、主要空间设计的效果图、主题配色构思、材质选型及软装设计方案。

6.6 主题酒店空间课程设计实训过程指导

6.6.1 设计准备

本阶段要求为酒店选址进行实地勘查，勘查的内容包括建筑的整体条件和周边环境两个方面，并将实地勘查的情况客观详细地记录于原始建筑图中。对于酒店所在的地理位置、外部交通情况、与周围建筑的关系应做详细记载。

了解项目所在城市的人文特点、历史与地理等文化背景，设计师与项目假定的目标客户进行前期沟通，沟通信息主要包括酒店的营销理念、经营定位及设计要求，以及酒店的品质确定和主体消费群的情况。

6.6.2 方案的初步设计

通过对酒店主题定位的把握，对主题建筑及主题景观理念的理解，围绕着"主题"这条线索进行分解，通过合理配置功能来完善主题酒店的规划设计。酒店按服务区域划分客房区、餐饮区、公共活动区、会议和展览区、健身娱乐区、行政后勤区等，这些区域既要划分明确，又要有联系。

在完成配置功能之后，设计进入定位主题阶段，通过其主题环境与氛围来展示酒店的主题概念，换句话说，主题环境与氛围是主题概念的物化，既可以通过主题建筑、主题景观等外在实物的表征来表达酒店的主题，也可以透过主题装饰等内部的实物表象来展示酒店的主题。

主题建筑是主题酒店的有形展示，主题建筑除了要追求独特外，还应该把握好和周边地理环境的协调性，与周边环境的协调也是顾客体验的一部分。

6.6.3 方案设计草图创意成果

本阶段要求各项目组将设计方案以方案草图的形式表现出来：

（1）以功能分区图表现空间类型划分。

（2）以人流活动流线图表现空间组合方式。

（3）以透视图形式表现主要空间形态。
（4）做好色彩配置及物料方案。
（5）考虑装修风格、色彩效果、材料的质地等。

注：本阶段可以由学生将成果做到概念设计深度，以ppt汇报的方式展示方案点评。

6.6.4 方案设计成果的表达

本阶段要求各项目组在方案草图修改完善的基础上将设计方案完整地用有效的图样形式表现出来，并利用口头和文字两种方式表述方案设计。方案图样部分的内容包括：

（1）绘制完整的平面方案图、顶棚图，以及主要空间的立面图。
（2）绘制手绘或计算机效果图，注意透视方式及视角的选择与绘制，空间感、光影关系以及色彩与质感的表现。
（3）通过文字结合图表以设计说明的形式表述方案，在版式设计方面，还需运用平面设计的技巧进行表达。
（4）制作A3方案文本。

主题酒店空间课程设计学生作品案例如图6-29~图6-33所示。

图6-29　学生作品（一）

图6-30 学生作品（二）

图6-31 学生作品（三）

图6-32 学生作品（四）

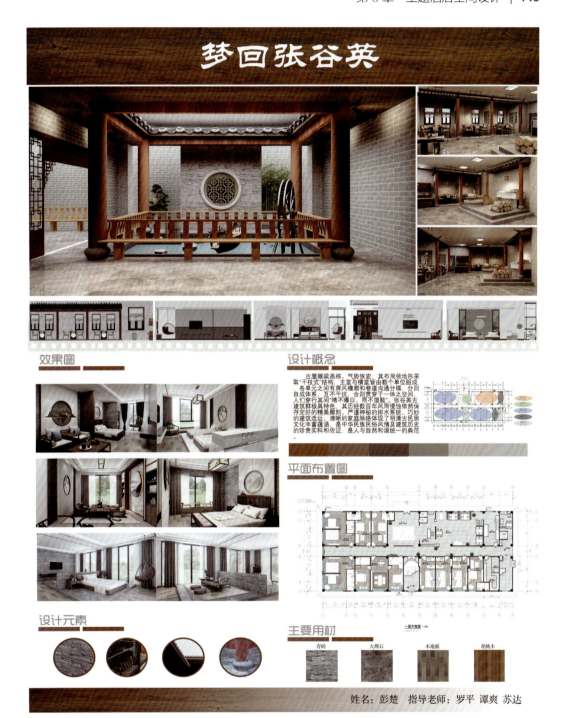

图6-33 学生作品（五）

参考文献

[1] 张绮曼，郑曙旸，等.室内设计资料集［M］.北京：中国建筑工业出版社，1991.
[2] 陆震纬，来增祥.室内设计原理（上册）［M］.2版.北京：中国建筑工业出版社，2004.
[3] 陆震纬，来增祥.室内设计原理（下册）［M］.2版.北京：中国建筑工业出版社，2006.
[4] 莫钧，杨清平.公共空间设计［M］.长沙：湖南大学出版社，2009.
[5] 郑成标.室内设计师专业实践手册［M］.北京：中国计划出版社，2005.
[6] 李茂虎.公共室内空间设计［M］.上海：东方出版中心，2010.